Forschung und Praxis

Band 124

Berichte aus dem
Fraunhofer-Institut für Produktionstechnik
und Automatisierung (IPA), Stuttgart,
Fraunhofer-Institut für Arbeitswirtschaft
und Organisation (IAO), Stuttgart, und
Institut für Industrielle Fertigung und
Fabrikbetrieb der Universität Stuttgart

Herausgeber: H. J. Warnecke und H.-J. Bullinger

Kum-Hoan Kuk

Modulares Simulationsmodell für die Abläufe in verketteten Fertigungszellen mit Industrierobotern

Mit 57 Abbildungen

Springer-Verlag
Berlin Heidelberg New York
London Paris Tokyo 1988

Ms. of Sc. Kum-Hoan Kuk

Fraunhofer-Institut für Produktionstechnik und Automatisierung (IPA), Stuttgart

Dr.-Ing. H. J. Warnecke

o. Professor an der Universität Stuttgart
Fraunhofer-Institut für Produktionstechnik und Automatisierung (IPA), Stuttgart

Dr.-Ing. habil. H.-J. Bullinger

o. Professor an der Universität Stuttgart
Fraunhofer-Institut für Arbeitswirtschaft und Organisation (IAO), Stuttgart

D 93

ISBN-13 : 978-3-540-50069-8   e-ISBN-13 : 978-3-642-83553-7
DOI : 10.1007 / 978-3-642-83553-7

Gesamtherstellung: Copydruck GmbH, Heimsheim
2362/3020−543210

Geleitwort der Herausgeber

Futuristische Bilder werden heute entworfen:

o Roboter bauen Roboter,

o Breitbandinformationssysteme transferieren riesige Datenmengen in
  Sekunden um die ganze Welt.

Von der "menschenleeren Fabrik" wird da gesprochen und vom "papierlo-
sen Büro". Wörtlich genommen muß man beides als Utopie bezeichnen,
aber der Entwicklungstrend geht sicher zur "automatischen Fertigung"
und zum "rechnerunterstützten Büro". Forschung bedarf der Perspektive,
Forschung benötigt aber auch die Rückkopplung zur Praxis - insbesondere im Bereich der Produktionstechnik und der Arbeitswissenschaft.

Für eine Industriegesellschaft hat die Produktionstechnik eine Schlüs-
selstellung. Mechanisierung und Automatisierung haben es uns in den
letzten Jahren erlaubt, die Produktivität unserer Wirtschaft ständig
zu verbessern. In der Vergangenheit stand dabei die Leistungssteigerung
einzelner Maschinen und Verfahren im Vordergrund. Heute wissen wir, daß
wir das Zusammenspiel der verschiedenen Unternehmensbereiche stärker
beachten müssen. In der Fertigung selbst konzipieren wir flexible Fertigungssysteme, die viele verkettete Einzelmaschinen beinhalten. Dort,
wo es Produkt und Produktionsprogramm zulassen, denken wir intensiv
über die Verknüpfung von Konstruktion, Arbeitsvorbereitung, Fertigung
und Qualitätskontrolle nach. Rechnerunterstützte Informationssysteme
helfen dabei und sollen zum CIM (Computer Integrated Manufacturing)
führen und CAD (Computer Aided Design) und CAM (Computer Aided Manufacturing) vereinen. Auch die Büroarbeit wird neu durchdacht und mit
Hilfe vernetzter Computersysteme teilweise automatisiert und mit den
anderen Unternehmensfunktionen verbunden. Information ist zu einem
Produktionsfaktor geworden, und die Art und Weise, wie man damit umgeht,
wird mit über den Unternehmenserfolg entscheiden.

Der Erfolg in unseren Unternehmen hängt auch in der Zukunft entschei-
dend von den dort arbeitenden Menschen ab. Rationalisierung und Automatisierung müssen deshalb im Zusammenhang mit Fragen der Arbeitsgestal-
tung betrieben werden, unter Berücksichtigung der Bedürfnisse der Mitarbeiter und unter Beachtung der erforderlichen Qualifikationen. Investitionen in Maschinen und Anlagen müssen deshalb in der Produktion wie
im Büro durch Investitionen in die Qualifikation der Mitarbeiter be-
gleitet werden. Bereits im Planungsstadium müssen Technik, Organisation
und Soziales integrativ betrachtet und mit gleichrangigen Gestaltungs-
zielen belegt werden.

Von wissenschaftlicher Seite muß dieses Bemühen durch die Entwicklung
von Methoden und Vorgehensweisen zur systematischen Analyse und Verbesserung des Systems Produktionsbetrieb einschließlich der erforderlichen Dienstleistungsfunktionen unterstützt werden. Die Ingenieure
sind hier gefordert, in enger Zusammenarbeit mit anderen Disziplinen,
z. B. der Informatik, der Wirtschaftswissenschaften und der Arbeitswissenschaft, Lösungen zu erarbeiten, die den veränderten Randbedingungen
Rechnung tragen.

Beispielhaft sei hier an den großen Bereich der Informationsverarbei-
tung im Betrieb erinnert, der von der Angebotserstellung über Konstruktion und Arbeitsvorbereitung, bis hin zur Fertigungssteuerung und Qualitätskontrolle reicht. Beim Materialfluß geht es um die richtige Aus-

wahl und den Einsatz von Fördermitteln sowie Anordnung und Ausstattung
von Lagern. Große Aufmerksamkeit wird in nächster Zukunft auch der
weiteren Automatisierung der Handhabung von Werkstücken und Werkzeu-
gen sowie der Montage von Produkten geschenkt werden.

Von der Forschung muß in diesem Zusammenhang ein Beitrag zum Einsatz
fortschrittlicher intelligenter Computersysteme erfolgen. Planungs-
prozesse müssen durch Softwaresysteme unterstützt und Arbeitsbedingun-
gen wissenschaftlich analysiert und neu gestaltet werden.

Die von den Herausgebern geleiteten Institute, das

- Institut für Industrielle Fertigung und Fabrikbetrieb der Universität
  Stuttgart (IFF),

- Fraunhofer-Institut für Produktionstechnik und Automatisierung (IPA),

- Fraunhofer-Institut für Arbeitswirtschaft und Organisation (IAO)

arbeiten in grundlegender und angewandter Forschung intensiv an den
oben aufgezeigten Entwicklungen mit. Die Ausstattung der Labors und
die Qualifikation der Mitarbeiter haben bereits in der Vergangenheit
zu Forschungsergebnissen geführt, die für die Praxis von großem
Wert waren. Zur Umsetzung gewonnener Erkenntnisse wird die Schriftenreihe "IPA-IAO - Forschung und Praxis" herausgegeben. Der vorliegende
Band setzt diese Reihe fort. Eine Übersicht über bisher erschienene
Titel wird am Schluß dieses Buches gegeben.

Dem Verfasser sei für die geleistete Arbeit gedankt, dem Springer-
Verlag für die Aufnahme dieser Schriftenreihe in seine Angebotspa-
lette und der Druckerei für saubere und zügige Ausführung. Möge das
Buch von der Fachwelt gut aufgenommen werden.

                              H. J. Warnecke · H.-J. Bullinger

<u>Vorwort des Verfassers</u>

Die vorligende Dissertation entstand während meiner Tätigkeit
als Gastwissenschaftler am Fraunhofer-Institut für Produktionstechnik und Automatisierung (IPA), Stuttgart.

Herrn Prof. Dr.-Ing. H.J. Warnecke, dem Leiter des Institutes,
bin ich für die wohlwollende Förderung und großzügige Unterstützung der Arbeit zu besonderem Dank verpflichtet.

Ebenfalls danken möchte ich Herrn Prof. Dr.-Ing. A. Storr für
die eingehende Durchsicht der Arbeit und die sich daraus erge-
benden Hinweise.

Bei allen Mitarbeitern des Institutes, die mir durch Kritik
und stete Hilfsbereitschaft das Abfassen dieser Arbeit erleichtert haben, bedanke ich mich ebenfalls herzlich. Ganz besonders danken möchte ich Herrn Dipl.-Ing. R. Schanz und Dipl.-
Ing. A. Altenhein für Ihre große Diskussionsbereitschaft und
wertvollen Anregungen.

Mein besonderer Dank gilt auch meiner Frau J.H. Kuk, die die
Last meines Dissertationsvorhabens mit großer Zuversicht mit-
getragen hat.

Stuttgrat, Mai 1988   Kum-Hoan Kuk

INHALTVERZEICHNIS

0   <u>Abkürzungen</u>

ABZ   s   Ausfallbeginnzeit
AF   Ausfall der Zellenelemente
AT   Fertigungsauftrag
AZP   Zwischenpuffer
B,BP   Zellenbeladepuffer
BEZn   s   Bearbeitungsendezeit
bpmi   Beziehung zwischen dem Puffer und der
                        Maschine
brmi   Beziehung zwischen dem Industrieroboter
                        und der Maschine
brpi   Beziehung zwischen dem Industrieroboter
                        und dem Puffer
BSn   Beispiel n
bwsmi   Beziehung zwischen dem Werkstück und
                        der Maschine
BZ_i, bz_i s   Bearbeitungszeit
CASOR   Computer Aided Simulation and Off-Line
                        Programming of Robots
E,EP   Zellenentladepuffer
ehi   Ereignis für eine Fertigungszelle
eti   Ereignis für ein Transportsystem
EZP   Zwischenpuffer
FIFO   First In First Out
FTS   fahrerloses Transportsystem
GASP   General Application Simulation Package
GCMS   General Computerized Manufacturing Systems
                        Simulator
GPSS   General Purpose System Simulator
GRIPPS   Graphical Off-Line Robotics Planning and
                        Programming System
GROSIM   Graphische Robotersimulation
HA   höchste Anzahl von Aufträgen für eine
                        Maschine

IGES		Initial Graphics Exchange Specification
INSIMAS		Interaktive Simulation von Materialflußsystemen
IR		Industrieroboter
KA		Kante
KAn		Kante mit Nummer n
KN		Knoten
KNn		Knoten mit Nummer n
Kn		Element mit Klasse n
KOZ		kürzeste Operationszeit
LE	m	Längeneinheit
LOZ		längste Operationszeit
M,MA		Maschine
MFSP		Materialfluß-Simulationsprogramm
Mn,MAn		Maschine mit Nummer n
MODUS		Modulares Dispositions- und Steuerungssystem
MTBF	s	Mean Time Between Failures
MTTR	s	Mean Time To Repair
MUSIK		Modularer Simulator für verkettete Fertigungssysteme
NBZn	s	nächste Bearbeitungszeit
P,PU		Puffer
PC-Grasp		Personal Computer-General Robot Arm Simulation Program
PLACE		Positioner Layout and Cell Evaluation
Pn		Puffer mit Nummer n
PUBE		Zugriffsfunktion zur Zustandsänderung eines Puffers nach der Beladung mit einem Werkstück
Q-GERT		Graphical Evaluation and Review Technic of Queueing Systems
REZ	s	Reparaturendezeit
SBM		Stationsgruppenauswahl mit Berücksichtigung der Maschinenwartezeit

SBO		Stationsgruppenauswahl mit Berücksichtigung der Ortsveränderungszeit des Industrie- roboters
SET		Standard d'Echange et de Transfert
SIKTAS		Simulation komplexer technischer Anlagen und Systeme
SIMIS		Simulation des Materialflusses innerbetrieblicher Systeme
SIMLEP		Simulation des Einsatzes programmierbarer Handhabungsgeräte
SIMSCRIPT		Simulation Scripture
SIMULAP		Simulation für Materialfluß- und Lagerpro- zesse
SIZES		Simulator für das zellenorientierte Ferti- gungssystem
SMD		Auswahl der Stationsgruppe mit drei Stationen
ST		Stück
SZ_i	s	Stillstandzeit
TH,THM		Transporthilfsmittel
TM		Transportmittel
WSAG		Zugriffsfunktion zur Werkstückausgabe aus der Zelle
WSEG		Zugriffsfunktion zur Werstückeingabe in die Zelle
WSER		Zugriffsfunktion zur Zustandsänderung eines Werkstücks
WSSU		Hilfsfunktion zur Auswahl eines Werkstücks aus der Werkstückliste
x_i		Element der Menge der Handhabungsaufträge
zdi		Zustand des Depots
ZE	s	Zeiteinheit
zfi		Zustand des Fahrzeugs
zmi		Zustand der Maschine
zpi		Zustand des Puffers

zr_i	Zustand des Industrieroboters
zs_i	Zustand der Station an dem Abhol- und Zielort
zst_i	Zustand der Strecke
zws_i	Zustand des Werkstücks
μ, λ	mittlere Rate einer verteilten Variable
ρ	Verhältnis der zwei mittleren Raten der verteilten Variablen

1 Einleitung

1.1 Problemstellung

Ein wichtiges Glied bei der Automatisierung von Handhabungsaufgaben bildet der Industrieroboter. Dabei ist insbesondere aufgrund wirtschaftlicher Vorteile und begünstigt durch neue Entwicklungen bei der zugehörigen Peripherie eine deutliche Zunahme der Industrieroboter-Einsatzfälle in den letzten Jahren zu erkennen.

Eine Entwicklungsrichtung der Automatisierung zielt gegenwärtig auf die Bildung von Zellen, in denen der Industrieroboter zunehmend als wichtiges Verkettungselement für Handhabungs- und Transportaufgaben verwendet wird /1,2/.

Bei den bisherigen Anwendungsfällen arbeiten Industrieroboter in der Regel nach einem fest vorgegebenen Ablauf, der sich stets zyklisch wiederholt /3,4/. Die heutigen Marktanforderungen, wie kleine Losgrößen und großes Teilespektrum, zwingen in höherem Maße zu einer Flexibilisierung von Industrieroboter-Zellen /5,6/. Diese Zellen sind durch variable Abläufe des Industrieroboters gekennzeichnet.

Um das Investitionsrisiko bei der Einführung solcher Industrieroboter-Zellen zu verringern, ist ein Planungshilfsmittel, das mit einer hohen Genauigkeit die komplexen Zusammenhänge innerhalb der Zelle nachbilden kann, erforderlich.

Der schrittweise Aufbau eines Fertigungssystems ist eine Methode, die mit Hilfe von abgestuften, sinnvoll begrenzten Ausbaustufen die Einführung solcher kapitalintensiven Industrieroboter-Zellen auch für mittelständische Unternehmen wirtschaftlich macht /7,8/. Um diesen schrittweisen Aufbau eines Fertigungssystems in der Praxis effektiv zu beschreiten, sollen auch die Zusammenhänge zwischen den einzelnen Industrieroboter-

Zellen mit Hilfe eines Planungshilfsmittels gezeigt werden.

Die nächsten Jahre werden mit Sicherheit eine starke Zunahme der Nachfrage nach Simulationsdienstleistungen bringen /9/. Dadurch wachsen auch die Anwendungschancen der Entwicklungen von Simulationssystemen in Form von marktreifen Produkten. Der Kostenrückgang bei Graphiksystemen und Personal Computern bei steigender Leistung wird diesen Trend unterstützen. Dadurch wird die Simulation auch kleineren Planungsabteilungen zugänglich /10/.

1.2 Zielsetzung

Um das Materialflußverhalten nicht nur in einer Zelle, in der die Folge des Industrieroboterablaufs variabel ist und die Handhabungs- und Transportfunktion von dem Industrieroboter übernommen werden, sondern auch das nahtlose Zusammenspiel von Zellen zu zeigen, wird das Ziel dieser Arbeit wie folgt formuliert:

- Entwicklung eines Simulationssystems, das mit einem hohen Detaillierungsgrad das dynamische Verhalten in einer Zelle und die Wechselwirkung zwischen mehreren Zellen nachbilden kann, als Hilfsmittel zur Planung und Steuerung von Zellen mit Industrierobotern zur flexiblen Verkettung.

Nutznießer dieses Simulationssystems sollen Anwender von Industrierobotern und Planer des Industrierobotereinsatzes sein. Um möglichst viele Anwendungsfälle zu sichern, wird die Lauffähigkeit dieses Programmsystems auf Personal Computern als anwendungsbezogenes Ziel dieser Entwicklung bestimmt.

Zur Erreichung dieses Zieles sind die Einzelaufgaben dieser Arbeit:

- Erarbeiten einer Entwicklungsmethode für ein Simulationssystem auf einem Personal Computer und Bestimmung einer Entwurfsrichtlinie zur effektiven Realisierung dieser Methode

- Einheitlicher Entwurf der eigenständig lauffähigen Simulationsprogramme für die Teilbereiche Teilefertigung und
  Transport
    * Programmentwurf für die Fertigungszellen mit Industriero-
      botern
    * Programmentwurf für ein Transportsystem als Bindeglied
      zwischen diesen Zellen

- Bestimmung der Steuerungsstrategien für die speziellen Simulationsprogramme für beide Teilbereiche

- Kopplung der Simulationsprogramme für beide Teilbereiche
  durch eine Steuerungsmethode zum Synchronablauf dieser Programme

1.3   Vorgehensweise

Zunächst werden in dieser Arbeit die für diesen Problemkreis
wichtigsten verfügbaren Simulationsprogramme analysiert, um
Entwicklungslücken aufzudecken. Gleichzeitig werden von der
Entwicklungstendenz der Simulationsprogramme übergeordnete Anforderungen an das zu entwickelnde Simulationssystem abgeleitet.

Da die analysierten Programme hinsichtlich ihrer Effektivität
und Einsatzbedingungen für solche Probleme große Einschränkungen ergeben, wird in dieser Arbeit ein logisches Modell zur
allgemeinen Beschreibung eines Fertigungssystems erstellt.
Nach diesem Modell werden für die zwei Teilbereiche eines Fer-
tigungsystems, die Teilefertigung und der Transport, zwei
voneinander unabhängige Simulationsprogramme entwickelt und
anschließend gekoppelt (Bild 1).

Da bei der Entwicklung von Software die Entwurfsphase großen
Einfluß auf den Aufwand für Realisierung und Wartung des Programms hat, kommt der ausführlichen Ermittlung einer geeigneten
Entwurfsrichtlinie zur Erreichung des Arbeitszieles große Bedeutung zu.

Während der Programmentwicklung soll der Einsatz der entwik-
kelten Simulationsprogrammodule als Steuerungshilfsmittel
für reale Zellen berücksichtigt werden.

Bild 1: Vorgehensweise zur Realisierung eines Simulationsmodells
für Handhabungsvorgänge in verketteten Fertigungszellen

2   Ausgangssituation

2.1   Definitionen

Im folgenden werden die für das Verständnis der vorliegenden
Arbeit wichtigen Begriffe erklärt.

- Simulation:
  Simulation ist die Nachbildung eines dynamischen Prozesses in
  einem Modell, um zu Erkenntnissen zu gelangen, die auf die
  Wirklichkeit übertragbar sind /11/.

- Simulationsprogramm:
  Ein Simulationsprogramm ist ein Rechnerprogramm, das aus
  Instruktionsgruppen besteht und als ein abgeschlossenes Mo-
  dell zur Simulation eines Prozesses dient.

- Simulationssystem:
  Simulationssystem ist eine Menge von Rechnerprogrammen, die
  aus mindestens einem Simulationsprogramm und den Hilfspro-
  gramme zur Eingabedatengenerierung, Ergebnisdarstellung und
  Kopplung mit anderer Software besteht.

- Materialfluß:
  Der Materialfluß ist die Verkettung aller Vorgänge beim Ge-
  winnen, Be- und Verarbeiten, sowie der Verteilung von stoff-
  lichen Gütern innerhalb festgelegter Bereiche. Dazu gehören
  im einzelnen: Bearbeiten, Handhaben, Transportieren, Prüfen,
  die Aufenthalte und die Lagerungen /12/.

- Fertigungszelle mit Industrierobotern:
  Die Fertigungszelle mit Industrierobotern ist eine automati-
  sierte Fertigungszelle, die aus einer Anzahl von Fertigungsmitteln und Puffern besteht, deren Verkettung durch Industrieroboter realisiert ist. Die Steuerungsfunktion des
  Materialflusses in einer Fertigungszelle wird vom Zellen-

rechner übernommen. In einer Zelle wird der automatische
Ablauf für alle Werkstücktypen von der maschinellen Ausstattung gewährleistet.

- Ortsveränderlicher Industrieroboter:
  Zusätzlich zu den Eigenbewegungen in den Bewegungsachsen des
  Industrieroboters /13/ ist eine kraftbetätigte, automatisch
  ablaufende Ortsveränderung des ganzen Industrieroboters in
  mindestens einer, nicht im Industrieroboter selbst enthalte-
  nen Achse möglich /14/.

- Taktzeit:
  Die Taktzeit setzt sich aus Zykluszeit sowie aus prozeßbe-
  dingten Warte- und Verweilzeiten (<u>Bild 2</u>) zusammen /15/.

Zykluszeit der Handhabungseinrichtung			
be- und verarbei-tungsbedingte Positionier- und Orientierzeiten	handhabungs-bedingte Positionier- und Orientierzeiten	handhabungs-bedingte Verweil-zeiten	prozeßbedingte Warte- und Verweilzeiten
Taktzeit des übergeordneten Prozesses			

---- handhabungsbezogen   —— prozeßbezogen

Bild 2: Taktzeit

2.2 Aufbau miteinander verketteter Fertigungs-zellen

Um die simulationsprogrammbezogenen Merkmale, die zur Überprüfung der Aussagefähigkeit der vorhandenen Simulationsprogramme und zum Aufbau der Pflichtenhefte benutzt werden, zu
ermitteln, werden ausgeführte Industrieroboter-Einsatzfälle
/16,17,18/ und die Transportmitteleinsatzfälle /19,20,21/ als

Bindeglied zwischen den Fertigungszellen analysiert. Bei der
Auswahl der zu untersuchenden Einsatzfälle wird ein breites
Spektrum aus den unterschiedlichen Industriebereichen und
Anwendungsmöglichkeiten ausgewählt, damit die resultierenden
Aussagen einen hohen Grad an Allgemeingültigkeit erlangen kön-
nen.

2.2.1 Ortsveränderlichkeit und Funktionen des Industrieroboters

Der Einsatz von Industrierobotern erfolgt zur Zeit überwie-
gend mit fest installierten Geräten. Die Arbeitsplätze sind im
Arbeitsbereich des Industrieroboters anzuordnen. Ortsfeste Industrieroboter sind in der Regel flurgebundene Geräte. Eine
höhere Auslastung wäre dann zu erreichen, wenn statt einer
festen Installation eine ortsbewegliche Ausführung gewählt
werden könnte. Die eingesetzten ortsveränderlichen Industrieroboter können in linienbewegliche Industrieroboter und flächenbewegliche Industrieroboter unterteilt werden.
Ein Portal mit hängendem Roboter ist eine bekannte Anordnung
für flurfrei linien- und flächenbewegliche Industrieroboter.

Um die Ausbringungsrate einer Fertigungszelle zu erhöhen,
wird bei einem großen Zeitanteil der Zykluszeit des Industrieroboters an der Taktzeit des übergeordneten Prozesses ein
Doppelgreifer anstatt eines Einfachgreifers eingesetzt /22/.

Somit muß die simulationsprogrammbezogene Ausprägung des Industrieroboters nach der obigen Analyse in folgende Merkmale
unterteilt werden:

- Ortsveränderlichkeit des Industrieroboters: ortsfest und orts-
  veränderlich
- Funktion der Handhabung: Werkstück- und Werkzeughandhabung

- Typ des Greifers: Einfach- und Doppelgreifer

2.2.2   <u>Flexibilität des Handhabungsablaufs</u>

Die vorhandenen Fertigungszellen können nach der Flexibilität
bezüglich der Reihenfolge des Handhabungsablaufs in die Zellen

- Fertigungszelle mit Fertigungsmitteln, die durch Industrieroboter starr verkettet sind,
- Fertigungszelle mit Fertigungsmitteln, die durch Industrieroboter lose verkettet sind,

unterteilt werden.

Die analysierten Einsatzfälle gehören meistens zu den Arbeits-
plätzen mit Fertigungsmitteln, die durch Industrieroboter
starr verkettet sind. Um die hohe Flexibilität des Industrieroboters auszunutzen, besteht ein großes Interesse an der
Fertigungszelle mit Fertigungsmitteln, die durch Industrieroboter lose verkettet sind /23/. Der Ablauf in einer Fertigungszelle mit Fertigungsmitteln, die durch Industrieroboter lose verkettet sind, ist variabel und kann durch die Taktzeit der Zelle nicht erfaßt werden. Es gibt wenige bekannte
Fertigungszellen mit solcher Ablaufflexibilität /5,6,24,25/.

Für eine Fertigungszelle mit Fertigungsmitteln, die durch
Industrieroboter lose verkettet sind, ist eine Steuerungsstra-
tegie zur Nachbildung der Maschinenbelegung innerhalb der Zelle
bei der Entwicklung eines Simulationsprogramms erforderlich.

2.2.3   <u>Arbeitsablauf in einer Zelle</u>

Der Arbeitsablauf in der Zelle wird durch das Mengenverhältnis
zwischen der Anzahl der Ein- und Ausgabewerkstücke gekennzeichnet (<u>Bild 3</u>). Dieses Mengenverhältnis hat den größten Einfluß
auf die Nachbildung des Handhabungsablaufs in einem Simula-

tionsprogramm. Das zu bearbeitende Werkstück erhält die Zelle
von den Verkettungseinrichtungen, die zwischen den Zellen oder
zwischen den Teilbereichen in einem Fertigungssystem liegen.

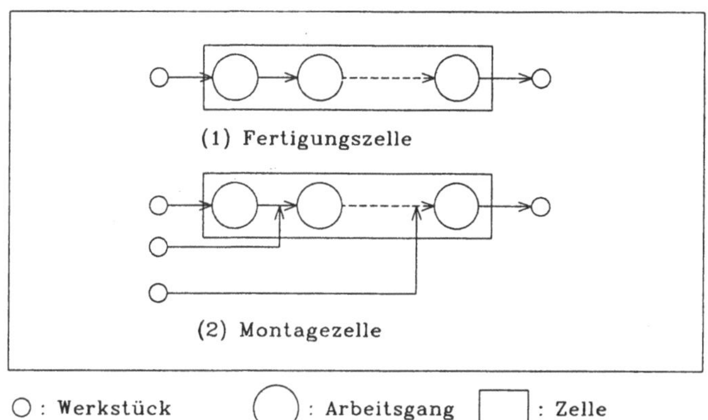

Bild 3: Grundformen des Arbeitsablaufs in einer Zelle

2.2.4   Werkstückflußarten und Transportmittel

Die Verkettung von mehreren Fertigungszellen durch einen au-
tomatischen Materialfluß führt zu einem flexiblen Fertigungs-
system /23/.
Die Werkstückflußsysteme der bisher konzipierten flexiblen
Fertigungssysteme lassen sich in ihrer Struktur als wichtiges
Merkmal des Gesamtsystems im wesentlichen in vier Modelle
(Bild 4) untergliedern /19/. Die Tendenz zeigt, daß das Netz-
und Baummodell verstärkt eingesetzt worden ist /20/.

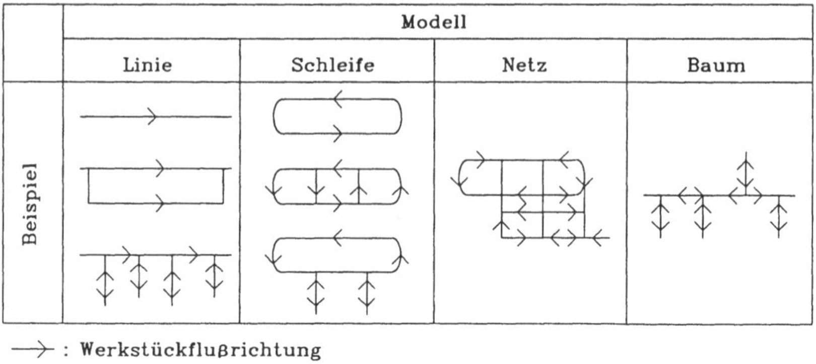

Modell			
Linie	Schleife	Netz	Baum

Beispiel

—➤ : Werkstückflußrichtung

Bild 4: Repräsentative Modelle des Werkstückflusses

Um die verschiedenen Werkstückflußstrukturen nachzubilden, sind
zwei Methoden anwendbar:

- Ableitung einiger Grundtypen vom Werkstückfluß und Nachbildung dieser Grundtypen zur späteren Auswahl /26/,
- Nachbildung einzelner Werkstückflußstrukturen mit Hilfe
  der Graphentheorie, d. h. mit Knoten und Kanten.

Durch die Zunahme der FTS-Fahrzeuge /21/ wird die Graphentheorie oft eingesetzt.

Die Vorteile der Nachbildung der Werkstückflußformen mittels
Graphentheorie sind:

- hohe Nachbildungsgenauigkeit
- hohe Nachbildungsflexibilität
- einheitliche Behandlung verschiedener Werkstückflußstrukturen

2.3 Analyse bestehender Simulationsprogramme

2.3.1 Untersuchung des Materialflusses

Die bisherigen Anwendungsfälle der Simulation beschränken sich
weitgehend auf die Zeit vor der Realisierung einer Anlage
/27/. Eine Arbeit beschäftigt sich damit, die Simulation auch
während des Betriebes einer Anlage einzusetzen /28/. Für den
Störungsfall sind bei komplexen Anlagen Ersatzstrecken und
-strategien vorhanden. Die Simulation ist damit Teil eines mo-
dernen Betriebsüberwachungssystems geworden /29/.

Dadurch wird die Simulation in jeder Phase angewendet: Von der
Konzeption über den Entwurf und die Implementierung bis hin
zum Betrieb des Systems. Für jede Phase gibt es jedoch unter-
schiedliche Ziele und Aufgaben. In **Bild 5** werden die Aufgaben
und Ziele der Entwurfs- und Betriebsphase zusammengefaßt.

	Auslegungsplanung für vorgegebene Produktionsprogramme	Optimierung des Fertigungsablaufs für vorgegebenes Fertigungssystem und vorgegebene Produktionsprogramme
Ziel	– Vergleich alternativer Systemlösungen – Minimierung der Investitionskosten	– maximale Nutzung und Auslastungsabgleich der Betriebsmittel – Minimierung der Kapitalbindungskosten – hohe Termintreue
Aufgabe	– Typ- und Anzahlermittlung von Fertigungsmitteln, Transportmitteln, und Zwischenpuffern – Dimensionierung von Spannplätzen und Palettierstationen – Zuordnung von Fertigungssystemelementen und Zellen – Bedarfsermittlung von Ein- und Ausgabeelementen der Zelle	– Ermittlung der aktuellen Folge der Maschinenbelegung und des Transportauftrags – Ermittlung der aktuellen Steuerungsstrategie mit Hilfe der Systemablaufinformation

Bild 5: Ziele und Aufgaben der Entwurfs- und Betriebsphase

2.3.2 Eignung für miteinander verkettete Fertigungszellen

Die beschriebenen Aufgaben der Simulationsprogramme haben meistens eine direkte Beziehung zum Materialflußverhalten des Fertigungssystems. Industrieroboter haben wie andere Fertigungssystemelemente einen großen Einfluß auf das Materialflußverhalten eines Fertigungssystems.

Beurteilt man die für das Ziel dieser Arbeit verfügbaren Simulationsprogramme nach den industrieroboterbezogenen Merkmalen, so können sie in die drei folgenden Gruppen aufgeteilt werden (Bild 6):

- Simulationsprogramme mit niedriger Nachbildungsfähigkeit der detaillierten Bewegung des Industrieroboters und mit hoher Aussagefähigkeit über das Materialflußverhalten
- Simulationsprogramme mit hoher Nachbildungsfähigkeit der detaillierten Bewegung des Industrieroboters und mit niedriger Aussagefähigkeit über das Materialflußverhalten, z. B. durch Einsatzorientierung mit Kollisionsuntersuchung in einer Fertigungszelle, in der eine Visualisierung der programmierten Industrieroboterbewegungssequenzen und eine Überprüfung eines geplanten Zellenlayouts stattfinden
- Simulationsprogramme mit hoher Nachbildungsfähigkeit der detaillierten Bewegung des Industrieroboters und mit hoher Aussagefähigkeit über das Materialflußverhalten

Bei den Simulationsprogrammen in der ersten Gruppe wird das Industrieroboterverhalten meistens durch einen zusätzlichen Zeitfaktor, z. B. Rüst- und Handhabungszeiten, berücksichtigt.
Die Nachbildung des Industrieroboterverhaltens durch einen Zeitfaktor bringt bei der Anwendung solcher Programme die folgenden Einschränkungen:

- Der Einfluß der Strategie zur Zellenelementbedienung durch
  Industrieroboter auf die Ausbringungsrate einer Fertigungszelle, in der der Handhabungsablauf variabel ist, kann nicht
  untersucht werden.
- Die Auslastung des Industrieroboters im Vergleich zu anderen Elementen in einem Fertigungssystem wird aufwendig ermittelt.
- Der Einfluß des Industrieroboterausfalls auf den Materialfluß
  kann nur begrenzt untersucht werden.
- Die Weiterbenutzung solcher Simulationsprogramme als Steuerungshilfsmittel für eine Fertigungszelle ist aufwendig.

| | | Nachbildungfähigkeit der detaillierten Bewegung des Industrieroboters | |
		hoch	niedrig
Aussage-fähigkeit über das Materialfluß-verhalten	hoch	Programme: SIMLEP /30/, Q-GERT Programm /31/, SIMDIS /32/	Programme: MFSP /33/, GCMS /34/, SIMIS /35/, MODUS /36/, MUSIK /26/, INSIMAS /37/, SIMULAP /38/, SIKTAS /39/
	niedrig	Programme: PLACE /40/, MnCELL /41/, GRIPPS /42/, GROSIM /43/, PC-Grasp /44/, CASOR /45/, ---/46/	

▓▓▓ : Bereich, zu dem das zu entwickelnde Simulationsprogramm gehört

Bild 6: Gruppierung der analysierten Simulationsprogramme

Die Programme in der zweiten Gruppe haben eine sehr einge-
schränkte oder keine Aussagefähigkeit über den Einfluß des Industrieroboters auf das Materialflußverhalten in einer Zelle
oder in den miteinander verketteten Zellen.

Die bestehenden Programme in der dritten Gruppe wurden zur Untersuchung des Materialflußverhaltens nur in einer Fertigungszelle entwickelt.

Bild 6 zeigt einen schraffierten Bereich, zu dem das zu entwickelnde Simulationsprogramm gehört. Programme zur Nachbildung der Werkstückhandhabungsfunktion des Industrieroboters für den Werkzeugfluß werden in dieser Arbeit nicht berücksichtigt.

Die geringe Anzahl der Programme im Schraffurbereich entsteht durch die unabhängigen Entwicklungen der anderen beiden Programmgruppen und durch den kürzeren Anwendungszeitraum der Industrieroboter im Vergleich zu anderen Fertigungssystemelementen. Weil Fertigungszellen mit variablem Handhabungsablauf erst seit kurzem in der Praxis eingesetzt werden, ist ein allgemeiner Ansatz zur Simulation solcher Zellen noch nicht vorhanden.

2.3.3   Programme für eine Fertigungszelle

SIMLEP:
Das Programm SIMLEP /30/ wurde von SCHMIDT-STREIER zur Simulation eines industrieroboterintegrierten Arbeitsplatzes entwickelt. Auf der Basis von FORTRAN IV stellt SIMLEP ein Programmpaket starr verketteter Unterprogramme dar. Die Modellbildung erfolgt ohne Programmierarbeit durch Dateneingabe. Simulationsergebnisse dieses Programms werden zur Überprüfung der Richtigkeit der Annahmen bei der Aufstellung der fiktiven Industrieroboterbedienfolge benutzt, für die die Layoutoptimierung eines Arbeitsplatzes mit der variablen Bedienfolge des Industrieroboters durchgeführt wird (Bild 7).

Q-GERT Programm:
Dem von MEDEIROS /31/ entwickelten Programm liegt ein modularer Aufbau zugrunde. Dieses Programm wurde zum Entwurf und zur Analyse der rechnerunterstützten Fertigungszellen zur

Kleinserienfertigung in der Flugzeugbauindustrie entwickelt.
Das gesamte Programmsystem besteht aus Modulbausteinen, die vom
Anwender unter Einhaltung bestimmter Verknüpfungsregeln zu ei-
nem Modul verkettet werden müssen.

SIMDIS:
Dieses Programm /32/ wurde entwickelt, um die Funktionskom-
plexe und strukturellen Verflechtungen zwischen den Zellenelementen darzustellen. Dieses in FORTRAN geschriebene Programm besteht aus 11 Teilen. Auf der Basis der Simulationsergebnisse erfolgt die Bewertung des Zellenverhaltens und
eine zielgerichtete Variation der Zellenstruktur. Im Ergebnis
liegt eine begründete Dimensionierung der Fertigungszelle
vor.

Wie Bild 7 zeigt, hat jedes Programm für eine Fertigungszelle
Einsatzbeschränkungen. Bei allen Programmen für eine Fertigungszelle ist die Untersuchung der Wechselwirkung zwischen den
Fertigungszellen nicht möglich. Die variable Folge der Industrieroboterbedienung kann nur mit Hilfe des Programms SIMLEP
für eine Zelle mit der in Bild 7 gegebenen Ausführungsform untersucht werden. Zur Benutzung dieses Programms muß jedoch das
folgende Werkstückdurchlaufverhalten eingehalten werden:

- Die Werkstücke werden während der Fertigung in der Zelle nicht
  zwischengespeichert
- Die Werkstückeingabe in die Zelle und die Werkstückausgabe aus
  der Zelle erfolgen mit Hilfe eines Förderbands

Vergleichsmerkmale			Programme	SIMLEP	Q-GERT Programm	SIMDIS
Nachbildung der Zellenelemente	Industrieroboter	Ortsveränderlichkeit	ortsfest	●	●	●
			linienbeweglich	●	○	○
			flächenbeweglich	○	○	○
		Greifer	einfach	●	●	●
			doppel	○	○	●
	Fertigungsmittel			◐	◐	◐
	Puffer			○	◐	◐
Nachbildung der Zusammenhänge zwischen Zellen				○	○	○
Nachbildung des Zellenablaufs	Ausfall der Zellenelemente			○	○	○
	Handhabungsablauf	variabel		●	○	○
		konstant		○	●	●
	Steuerungsstrategien	Auswahl der zu bedienenden Stationen		◐	○	○
		Werkstückeingabe		○	○	○
	Bewegung des Industrieroboters in Warteposition vor nächstem Ereignis (z. B. Bearbeitungsende)			○	○	○
	gleichzeitige Fertigung von unterschiedlichen Teilen			○	○	○
	Fertigung eines Teils mit mehreren gleichartigen Fertigungsmitteln			○	○	○
Modularer Programmaufbau				○	●	●
Entkoppelung des Ein- und Ausgabeprogrammteils von dem Simulationsteil				○	○	○
Benutzerfreundlichkeit: Dateneingabe und Ergebnisdarstellung				○	◐	◐
Weiteranwendung als Steuerungshilfsmittel bei Autonombetrieb der Zelle				○	○	○

● : ja; ◐ : mit Einschränkungen; ○ : nein

Bild 7: Aussagefähigkeit der Programme für eine Fertigungszelle

2.3.4 Entwicklungstendenz der Simulationsprogramme zur Materialflußuntersuchung

In Bild 8 wird die bisherige Entwicklungstendenz der Simulationsprogramme zur Materialflußuntersuchung nach Verbesserungsbestrebungen zusammengefaßt. Die speziellen Simulationsprogramme in Bild 8 sind die Programme zu den spezifischen Teilbereichen eines Fertigungssystems. Sie betreffen meistens einen Teilbereich, z. B. Programm zum Transportbereich.

Aus dieser Entwicklungstendenz können wichtige bisherige Ansatzpunkte zur Verbesserung wie folgt abgeleitet werden:

- einfache Modellbildung durch Dateneingabe und einfache Übertragungsmöglichkeit eines Simulationsprogramms durch Benutzung einer problemorientierten Programmiersprache
- schnelle Dateneingabe und besseres Simulationsablaufverständnis durch Graphiksystemunterstützung

Betrachtet man die zwei Hauptziele der Softwarequalität - Benutzerakzeptanz und Ausbaufähigkeit - so gehören die oben genannten Ansatzpunkte mit Ausnahme der Benutzung einer problemorientierten Programmiersprache zu dem Ziel Benutzerakzeptanz.

Außer diesen Ansätzen gibt es Versuche zur Anwendung der künstlichen Intelligenz, um die Aussagefähigkeit eines Simulationsprogramms zu erhöhen /47/.

Schritt	Programme	Eigenschaften	Einschränkungen
1	Diskrete Simulationsmodelle werden mit Hilfe der blockorientierten oder anweisungsorientierten Simulationssprachen (GPSS. SIMSCRIPT) aufgebaut.	– geringer Zeitaufwand be der Umsetzung des formulierten Realablaufs in ein Simulationsmodell – einfache Programmierung mit wenig Programmiererfahrung	– Notwendigkeit einer neuen Modellbildung und Übersetzung bei jeder Strukturän derung des zu simulierenden Systems – Erfordernis eines speziellen Compilers
2	Spezielle oder verallgemeinerte Simulationsprogramme werden in den problemorientierten Sprachen (FORTRAN. PASCAL. ALGOL. PL/1) oder in von diesen abgeleiteten noch erweiterten Sprachen (GASP. SIMULA) geschrieben. Programme: MFSP /33/. GCMS /34/. SIMIS /35/, MODUS /36/. MUSIK /26/	– Ersetzung der spezifischen Modellbildung durch Eingabedatenbeschreibung	– großer Entwicklungs- und Wartungsaufwand des Simulationsprogramms je nach Nachbildungsgenauigkeit und Komplexität des Realsystems – großer Aufwand bei der Eingabedatengenerierung – schwieriges Verständnis des Programmablaufs
3	Spezielle oder verallgemeinerte Simulationsprogramme mit Unterstützung des Graphiksystems werden entwickelt. Programme: INSIMAS /37/. SIMULAP /38/. SIKTAS /39/	– schnelle Dateneingab und leichte Korrektur der eingegebenen Daten – gutes Simulationsablaufverständnis – Weiteranwendung zur Ermittlung der Steuerungsstrategien und zum Test der Steuerungsprogrammen	– großer Entwicklungs- und Wartungsaufwand des Simulationsprogramms je nach Nachbildungsgenauigkeit und Komplexität des Realsystems – Schwierigkeit der Integration mit anderer Software – großer Umstrukturierungsaufwand zur Anwendung als prozeßbegleitendes Steuerungs hilfsmittel je nach Nachbildungsgenauigkeit und Programmstruktur

Bild 8: Entwicklungstendenz der Simulationsprogramme zur Materialflußuntersuchung

2.3.5 Ablaufsteuerung der Simulationsprogramme

Das zeitliche Verhalten eines Systems ist durch die Reihenfolge
der Ereignisse bestimmt. Der Zeitablauf wird durch eine Zahl
beschrieben, die Simulationsuhrzeit genannt wird.

Es gibt zwei Methoden zur Bestimmung der Simulationsuhrzeit:

- Zeitschrittorientierte Simulationsuhrzeitbestimmung (Zeitablaufsteuerung)
- Ereignisorientierte Simulationsuhrzeitbestimmung

Bei der ersten Methode hängt die Abbildungsgenauigkeit dieser
Methode von der Betragsgröße des Zeitintervalls ab /33/.

Bei der zweiten Methode wird die Übereinstimmung zwischen dem
Zeitpunkt des Auftretens eines Ereignisses und dem Zeitpunkt
der Ereignisauswirkung auf das System eingehalten.

2.3.6 Maschinenbelegung und Reihenfolge des Transportauftrags

2.3.6.1 Maschinenbelegung

Die vorhandenen Arbeiten im Bereich der Maschinenbelegung
können nach den Methoden

- analytisch und
- heuristisch

unterteilt werden.

Maschinenbelegungsprobleme mit Hilfe der vollständigen Enumeration zur exakten Lösung zu führen, erfordert bei kleinen
Größenordnungen bereits einen großen Rechenaufwand. Beim Job-
Shop-Problem bei n Aufträgen auf m Maschinen existieren $(n!)^m$

mögliche Belegungspläne. Um diesen Rechenaufwand zu begrenzen,
werden Entscheidungsbaumverfahren eingesetzt. Dazu gehören die
dynamische Optimierung, das Branch-and-Bound-Verfahren und die
begrenzte Enumeration. Alle diese Verfahren sind exakte Verfahren und arbeiten nach dem Prinzip einer Enumeration, d. h.
in der Berechnung aller möglichen Lösungen und der Auswahl der
besten Lösung.
Die dynamische Optimierung eignet sich für schmale und fast
beliebig lange Entscheidungsbäume. Solche Verhältnisse sind bei
Belegungsproblemen jedoch selten /48/. Wenn der untere Bound
beim Branch-and-Bound-Verfahren oder bei der begrenzten Enumeration schlecht ausgelegt ist, wird das Verfahren vom Ablauf
her der vollständigen Enumeration ähnlich /49/. Zusätzlich ba-
sieren analytische Methoden auf den einschränkenden Annahmen,
die von der betrieblichen Wirklichkeit abweichen /50/.

Bei den heuristische Verfahren ist der Rechenaufwand sehr viel
geringer als bei den analytischen Methoden /51,52,53/. Bei den
heuristischen Verfahren wird nur ein Auftrag für jede Position
in der Reihenfolge ausgesucht und zwar derjenige, der die
höchste Priorität hat. Diese Verfahren führen jedoch nicht mit
Sicherheit zum Optimum und müssen vor ihrem praktischen Einsatz
sorgfältig hinsichtlich ihrer Eignung getestet werden.

Folglich ist für einen Verbesserungsansatz die aktuelle Zustandsinformation des Arbeitsplatzes beim Einsatzzeitpunkt der
heuristischen Verfahren zu berücksichtigen.

2.3.6.2 Reihenfolge des Transportauftrags

Es gibt analytische Methoden, die zur Reihenfolgeplanung des
Transportsystems entwickelt wurden /54,55,56/.
Bereits bei einem relativ kleinen Transportsystem wird jedoch
der Rechenaufwand unvertretbar groß, so daß diese Methoden in
der praktischen Anwendung nicht sinnvoll sind. Neben dieser
Rechenzeitproblematik gibt es noch einschränkende Annahmen,

z. B. keine Kollision zwischen den Fahrzeugen, die die prak-
tische Anwendung dieser Methoden, speziell beim Einsatz des
FTS-Fahrzeugs, verhindern.

Um die Rechenzeit zu verkürzen, wurde eine Näherungsmethode von
KUSIAK entwickelt /57/. Nach dieser Methode wurde ein Programm
auf dem IBM-AT-Rechner geschrieben.
Sie hat jedoch beim Einsatz die folgende Problematik:

- Die Annahmen dieser Methode sind gleich wie die Annahmen der
  oben genannten analytischen Methoden
- Das Planungsergebnis hängt stark von den Anfangswerten für
  den Suchprozeß ab. Dadurch ist die Optimierung des Planung-
  ergebnisses nicht garantiert.

3   Anforderungen an das Simulationssystem

Wie der Stand der Technik zeigt, hat jedes der Simulationsprogramme SIMLEP, Q-GERT Programm und SIMDIS hinsichtlich sei-
ner Nachbildungsfähigkeit Einsatzbeschränkungen. Besonders der
Zellenablauf wird nicht genügend nachgebildet. Hierdurch und
durch den realisierten Programmaufbau wird die Weiteranwendung
dieses Programms als Steuerungshilfsmittel zur Materialfluß-
steuerung erschwert.
Für die Planung einer Fertigungszelle werden detaillierte Informationen nicht nur über die Zusammenhänge innerhalb der
Zelle, sondern auch über die Wechselwirkung zwischen den Zellen
benötigt, um eine Optimierung hinsichtlich des Gesamtsystems zu
erreichen. Um die Wechselwirkung zwischen Zellen verschiedener
Ausführungsformen aufzuzeigen, ist ein neues Programm mit spezifischen Anforderungen erforderlich.

3.1   Übergeordnete Anforderungen an das Simulationssystem
         aus der Entwicklungstendenz der Simulationsprogramme

Wie aus der Entwicklungstendenz der Simulationsprogramme zu
ersehen, bleibt noch ein großer Entwicklungs- und Wartungsauf-
wand für Simulationsprogramm als zu lösende Problematik. Ein
Grund dafür ist die bisherige Vernachlässigung eines Hauptziels
der Softwarequalität "langfristige Ausbaufähigkeit" im Vergleich zum anderen Hauptziel "Benutzerakzeptanz".

Durch die Tendenz der Mehrfachverwendung des Simulationsprogramms als Planungs- und Steuerungshilfsmittel hat ein Simulationsprogramm als Software für flexibles Fertigungssystem zunehmende Bedeutung. Aufgrund des wachsenden Prozentteils der
Softwarekosten bei der Systementwicklung /58/ und der Zeitver-
teilung zwischen Entwurf, Codieren und Testen nach /59/ von 50
%, 20 % und 30 % ist man gezwungen eine Entwicklungsmethode zur
Verbesserung der Softwarequalität "Ausbaufähigkeit", zu erarbeiten. Diese muß die folgenden Ziele unterstützen:

- Auswahl einer Methode zur Entwicklung eines großen Simulationssystems auf dem Personal Computer
- Bestimmung einer Entwurfsrichtlinie zur effektiven Realisierung dieser Methode

3.2   Pflichtenheft für das Programmsystem

Aus der Analyse der für diesen Problemkreis wichtigsten verfügbaren Simulationsprogramme und eingesetzten Fertigungszellen wird das Pflichtenheft erstellt. Über die Aufgabenbeschrei-
bung hinaus werden Angaben über Randbedingungen gemacht, die
bei der Realisierung der Aufgabe berücksichtigt werden.

3.2.1   Pflichtenheft für die Nachbildung der miteinander ver-
ketteten Fertigungszellen

Um die Ausführungsformen der miteinander verketteten Fertigungszellen nachbilden zu können, werden die folgenden Punkte
in das Pflichtenheft für die Nachbildungsfähigkeit dieses
Programmsystems aufgenommen:

- Nachbildung der Wechselwirkung zwischen den Fertigungszellen mit variablem Handhabungsablauf
- Nachbildung der Wechselwirkung zwischen der Fertigungszelle
  und dem Transportsystem, das aus den FTS-Fahrzeugen, dem
  Transportmittelpuffer und dem Transportnetz besteht
- Nachbildung der Wechselwirkung zwischen den Elementen in einer Fertigungszelle, in der die Maschinen- und Pufferstationen durch Industrieroboter lose verkettet sind
- Nachbildung der Werkstückhandhabungsfunktion eines ortsveränderlichen Industrieroboters mit Einfach- oder Doppelgreifer
- Nachbildung des Arbeitsablaufs in einer Fertigungszelle
  mit variablem Handhabungsablauf

- Nachbildung der gleichzeitigen Fertigung unterschiedlicher
  Werkstücktypen
- Nachbildung der Fertigung eines Teils mit mehreren gleichar-
  tigen Fertigungsmitteln

3.2.2   Pflichtenheft für die Nachbildung der Steuerungsstra-
tegien

Um die verschiedenen Formen der Ablaufsteuerung in einem Realsystem nachbilden zu können, werden die folgenden Punkte in das
Pflichtenheft für die Nachbildungsfähigkeit dieses Programmsystems aufgenommen:

- Nachbildung der Maschinenbelegungsplanung durch heuristische
  Verfahren unter Berücksichtigung des Zellenzustandes
- Nachbildung der Auswahl der vom Industrieroboter gleich-
  zeitig zu bedienenden Zellenelementanzahl
- Nachbildung der Werkstückeingabe in die Fertigungszelle
  durch die heuristischen Verfahren und den Zufallsgenerator
- Nachbildung des Ausfallverhaltens der Fertigungszellenele-
  mente durch deterministische und statistische Vorgaben /60/
- Nachbildung der Bewegung des Industrieroboters in Warteposi-
  tion vor nächstem Ereignis
- Nachbildung der Disposition der Transportaufträge durch die
  heuristischen Verfahren
- Nachbildung der Auswahl der Transportroute unter Benutzung
  der Zustandsdaten des Transportnetzes und Bestimmung des
  kürzesten Weges mit Hilfe des Dijkstra-Algorithmus und des
  Floyd-Algorithmus /48,61/.
- Nachbildung der Fahrzeugbewegung durch heuristische Verfahren und Blockstreckensteuerung /62,63/.
- Nachbildung der Transportauftragsentstehung bei unbekann-
  tem Transportauftrag durch den Zufallsgenerator

3.3 Anforderungen an den Entwurf des Programmsystems

3.3.1 Anforderungen an die Daten- und Speicherungs- struktur und an die Modulaufteilung

Bei der Ermittlung der Anforderungen an die Daten- und Speicherungsstruktur und an die Modulaufteilung werden die folgenden
Punkte berücksichtigt (Bild 9):

- Systembegriff /64/
- Modelldefinition /65/
- Ergebnisse der Analyse der Ausführungsformen der miteinander
  verketteten Fertigungszellen
- Allgemeingültigkeit der Datenstruktur
- Reduzierung der bei jedem Entwurfseinzelschritt zu bewälti-
  genden Komplexität

<table>
<tr><td>

Anforderungen an die Datenstruktur

</td></tr>
<tr><td>

- Darstellungsmöglichkeit der verschiedenen Ausführungsfomen der miteinander verketteten Fertigungszellen
- einheitliche Beschreibung des aus den Fertigungszellen bestehenden Fertigungssystems mit Elementen und Relationen
- Trennung der auftragsbezogenen Daten von anderen Stammdaten des Fertigungssystems
- Einplanung späterer Erweiterungen

</td></tr>
<tr><td>

Anforderungen an die Speicherungsstruktur

</td></tr>
<tr><td>

- geringer Speicherplatzbedarf zur Datenerfassung
- kurze Rechenzeit für den Datenzugriff und zur Datenauswertung
- hohe Flexibilität bei der Erweiterung des Simulationssystems
- einfache Struktur zur Gewährung von geringem Entwicklungs- und Wartungsaufwand

</td></tr>
<tr><td>

Anforderungen an die Modulaufteilung

</td></tr>
<tr><td>

- Einfachheit der Schnittstellen
- getrennte Übersetzbarkeit
- klare Darstellung des Simulationsablaufs

</td></tr>
<tr><td>

Anforderungen an die Integration mit anderer Software

</td></tr>
<tr><td>

- direkte Austauschbarkeit der Daten

</td></tr>
</table>

Bild 9: Anforderungen an die Daten- und Speicherungsstruktur und an die Modulaufteilung

3.3.2 Anforderungen an das Programmsystem als Steuerungshilfsmittel

In einem Simulationsprogramm wird der Informationsaustausch zwischen dem Rechner und dem Realprozeß ohne Berücksichtigung der physikalischen Anforderung nachgebildet. In diesem Programm wird der Datenverkehr zwischen dem Rechner und dem Prozeß nur durch die Attributänderung der entsprechenden Elemente, ohne Berücksichtigung der Zeitlücke von dem Zeitpunkt des Signaleingangs über die Aktualisierung des Signals bis zum Zeitpunkt der Signalrückgabe zum Rechner, nachgebildet.

Um ein Simulationssystem als prozeßbegleitendes Steuerungshilfsmittel ohne großen Umstrukturierungsaufwand weiterzube-
nutzen, müssen die folgenden Anforderungen erfüllt werden:

- Getrennte Realisierung der Programmteile zur Ereignisfolgensteuerung und -aktualisierung:
  Durch diese Anforderung wird der Aufbau der Schnittstelle
  zwischen dem Rechner und dem Realprozeß unterstützt. Zum Aufbau dieser Schnittstelle muß der Programmteil zur Ereignisfolgensteuerung mit Hilfe einer Schnittstellensoftware, die
  eine hardwaremäßige Schnittstelle unterstützt, umgeschrieben
  werden, weil die Ablaufsteuerungsfunktion eine ständige Kommunikation mit den Zellenelementen benötigt.
- Genaue Nachbildung der Zustandsänderung durch den Programmteil zur Ereignisaktualisierung:
  Durch diese Anforderung wird der Aufbau der Schnittstelle
  zwischen dem Rechner und dem Benutzer unterstützt. Eine Be-
  nutzeroberfläche als Schnittstelle zeigt mit Hilfe des Elementzustandes des Simulationsprogramms den aktuellen Zellen-
  zustand, der die Überwachung des Zellenablaufs ermöglicht.
- Flexible Anpassungsmöglichkeit an die Nachbildungsgenauigkeit der Fertigungszellen und der Steuerungstrategien

4   Erarbeiten von Methoden zur Entwicklung des
     Simulationssystems

4.1   Entwicklungsmethode des Simulationssystems

Will man ein Simulationssystem für miteinander verkettete
Fertigungszellen entwickeln, so kann dies nach folgenden Methoden erfolgen:

- systemelementorientierte Methode:
  Entwicklung eines verallgemeinerten Simulationsprogramms für
  die aus den Fertigungszellen und dem Transportsystem bestehenden Fertigungssysteme ohne Berücksichtigung der Zugehö-
  rigkeit der Fertigungssystemelemente zu einem Teilbereich in
  einem Fertigungssystem
- teilbereichorientierte Methode:
  Entwicklung der eigenständig lauffähigen speziellen Simulationsprogramme für die Einzelteilbereiche (z. B. Teilefertigung, Montage, Transport und Lagerung), und Kopplung dieser
  Programme mit Hilfe der Schnittstellenmodule.

Die erste Methode ist bis jetzt die am häufigsten verwendete
Methode, jedoch die zweite Methode hier in dieser vorliegenden
Arbeit neu konzipiert wurde.
Es zeigt sich, daß die teilbereichorientierte Methode zur Entwicklung eines großen Programmsystems vorteilhafter ist (Bild
10). Diese Methode ist besonders bei der Programmentwicklung
auf dem Personal Computer dadurch vorteilhafter, daß die Pro-
grammgröße an die Hauptspeichergröße des Rechners durch Kopplung der Programme für die Einzelteilbereiche angepaßt werden kann. Durch diese Kopplung werden die Vorzüge von speziellen und verallgemeinerten Simulationsprogrammen in der teil-
bereichorientierten Methode kombiniert und der Konflikt zwischen den Entwicklungsprinzipien des Simulationsprogramms als
Planungs- und prozeßbegleitendes Steuerungshilfsmittel gelöst.

Bewertungskriterium	Methode	systemelement-orientierte Methode	teilbereich-orientierte Methode
Entwicklung	– Anpassungsmöglichkeit an die Nachbildungsgenauigkeit des jeweiligen Teilbereichs	○	●
	– unabhängige Programmierung der Einzelmodule für das zu entwickelnde Simulationssystem	◐	●
	– Gesamtumfang der Programmierungsarbeit	●	○
Anwendung	– Einfachheit der Untersuchung des Zusammenspiels der Teilbereiche	◐	●
	– Einfachheit der Untersuchung der Wechselwirkung zwischen den Systemelementen, die sich in verschiedenen Teilbereichen befinden	●	◐
	– Aufwand der Dateneingabe für die schrittweise Enführung der Fertigungszelle	◐	●
	– Anpassungsmöglichkeit der Programmgröße an die Hauptspeichergröße des Rechners	○	●
	– Anwendungsmöglichkeit des Programms als Steuerungshilfsmittel für jeden Teilbereich	◐	●

● positive ◐ mittlere ○ negative Bewertung

Bild 10: Vergleich der Methoden zur Entwicklung eines Simulationssystems

Nach dieser Methode sollen für die Bereiche Teilefertigung und Transport zwei eigenständig lauffähige Simulationsprogramme und ein Schnittstellenmodul zur Kopplung dieser beiden Simulationssprogramme entwickelt werden (Bild 11).

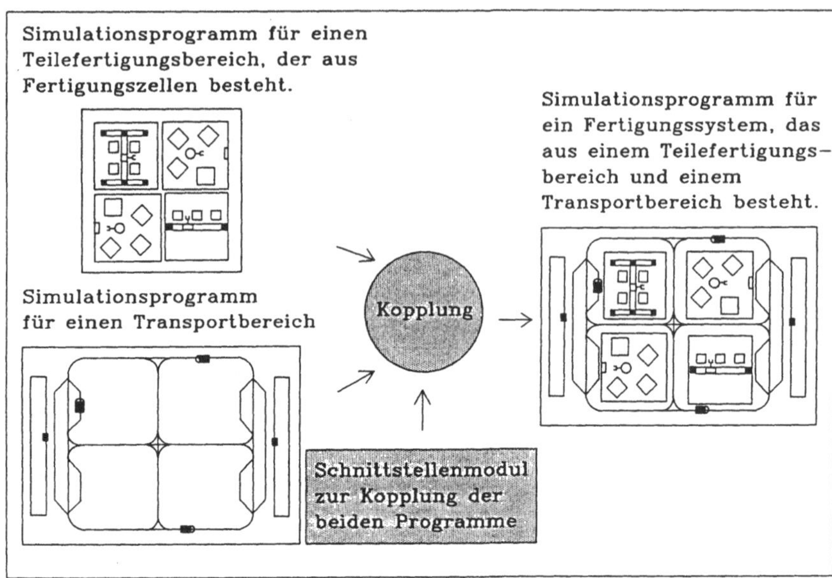

Bild 11: Integration der beiden eigenständig lauffähigen
          Simulationsprogramme

Die Kopplung der speziellen Simulationsprogramme wird bis jetzt
vernachlässigt, weil die Kopplungsarbeit, wie der markierte Bereich in Bild 11 zeigt, zu dem Grenzbereich zwischen den ab-
gegrenzten Einzelbereich gehört und das Interesse an der Optimierung des Gesamtsystems bei einem komplexen Fertigungssystem
im Vergleich zu der Optimierung der Einzelbereiche erst seit
kurzem besteht.

Durch diese Aufteilung kann die Planungsarbeit für jeden Teilbereich weitgehend getrennt durchgeführt werden.
Das Vorgehen bei der Planung kann wie folgt strukturiert werden:

- Gestaltung der einzelnen Fertigungszelle,
- Kapazitätsbestimmung des Transportsystems als Verbindungs-
  glied zwischen den Zellen,
- Optimierung des Gesamtsystems.

4.2 Vereinheitlichung zur Entwicklung und Integration der eigenständigen Simulationsprogramme

Um die Problematik, die bei der unabhängigen Entwicklung der eigenständigen speziellen Programme für die Einzelteilbereiche entsteht und die nachfolgende Kopplungsarbeit verhindert, zu lösen, ist für das gesamte Programmsystem eine einheitliche Entwurfsrichtlinie bestimmt.

4.2.1 Programmentwurfbezogene Vereinheitlichung

Die Vereinheitlichung in der Entwurfsphase wird während des Ablaufs der Entwicklungstätigkeiten ermittelt (Bild 12).

Entwurfsphase		Vereinheitlichung
Problem-analyse	– Systemelement-analyse – Analyse der Beziehung zwischen den System-elementen	– Gruppierungsmerkmal der Elementattribute – Gruppierungsmerkmal der Beziehungen – Beschreibungsmethode der Beziehungen zwischen System-elementen
	– Systemaktivitäts- und Strategienanalyse	– Beschreibungsmethode der Ereignisfolge – Gruppierungsmerkmal der Steuerungsstrategien
Modellentwurf		– Gruppierungsmerkmal der Daten zur Bestimmung der Speicherungsstruktur – Aufteilung der Programmmodule – Methode und Format der Datenein- und -ausgabe – Modelldatenaustauschformat zur Integration mit anderer Software

Bild 12: Vereinheitlichung zum Programmentwurf

Die Ergebnisse jeder Entwurfsphase können in folgendem Kapitel durch die Gruppierungsmerkmale und Beschreibungsmethoden einheitlich erfaßt und dokumentiert werden. Dadurch wird die Überprüfbarkeit solcher Ergebnisse nach ihrer Vollständigkeit und Konsistenz gewährleistet.

4.2.2   <u>Programmablaufbezogene Vereinheitlichung</u>

Um die Kopplung der speziellen Simulationsprogramme zu ermöglichen, müssen die programmablaufbezogenen Methoden bei der Entwicklung der zu koppelnden eigenständigen Simulationsprogramme
einheitlich gehalten werden. <u>Bild 13</u> zeigt die verwendeten
Methoden.

Als Methode zur Zeitablaufsteuerung wird die ereignisorientierte Zeitablaufsteuerung aus den folgenden Gründen als Methode
zur Bestimmung der Simulationsuhrzeit ausgewählt:

- Hohe Abbildungstreue der Zustandsänderung durch die Ereignisse entlang des Zeitablaufs, was eine wichtige Voraussetzung für die Aufgabe des Programms ist, als Steuerungshilfsmittel zu dienen.
- Übereinstimmung des Ereigniszeitpunktes in dem Petri-Netz
  /66/ mit dem Auswirkungszeitpunkt in dem Realsystem
- Erhebliche Leistungssteigerung bei Personal Computern

Methode	verwendete Methode
Methode zur Zeitablaufsteuerung	– ereignisorientierte Zeitablauf- steuerung
Methode zur Ereignisverwaltung während des Simulationsablaufs	– Durchsuchungsmethode
Methode zur Bestimmung der Einschwingungsdauer	– variabler Zeitanteil
Protokollmethode des Simulations- ablaufs	– Zwischenausdruck
Beendigungsmethode des Simula- tionsablaufs	– Simulationszeitdauer

Bild 13: Vereinheitlichung im programmablaufbezogenen Bereich

5 Entwurf der Spezialprogramme mit Hilfe eines logischen Modells

Ein Simulationsprogramm als Softwaresystem besteht aus zwei
Grundelementen: Daten und Funktionen.
Bei jedem Entwurfsschritt werden die Daten und Funktionen der
Spezialprogramme für die beiden Teilbereiche - Teilefertigung
und Transport - mit Hilfe eines logischen Modells einheitlich
entworfen. Dieses logische Modell unterstützt die Nachbildung
der statischen Struktur eines Realsystems mit einer Datenstruktur und die Nachbildung des dynamischen Ablaufs mit einer
Programmstruktur. In diesem Kapitel wird als System ein Fertigungssystem bezeichnet.

5.1 Erstellen der Datenstruktur

5.1.1 Nachbildung der Elementattribute

Die Systemelemente werden in zwei Gruppen - permanente und tem-
poräre - eingeteilt. Permanente Elemente sind Systembestand-
teil, wie z. B. Maschinen, Puffer, die während der ganzen Simulation erhalten bleiben. Die temporären Elemente werden während des Simulationsablaufs erzeugt, sind eine gewisse Zeit
aktiv und werden schließlich wieder aus dem System entfernt.

Bei der Attributnachbildung werden die identifizierenden und
beschreibenden Attribute aller Elemente nach folgenden Merkmalen gruppiert:

- statisch
- dynamisch
- statistisch.

Das identifizierende Attribut gehört zum statischen Attribut.
Das dynamische Attribut eines Elements wird durch die Ereignisse während des Simulationsablaufs ständig aktualisiert.

Der Inhalt des statistischen Attributes eines Elements wird von
dem Zweck eines Simulationsprogramms bestimmt (**Bild 14**). Dieses
Attribut wird mit Hilfe der statischen und dynamischen Attribute aktualisiert.

Die Nachbildungsgenauigkeit eines Simulationsprogramms hängt
stark von dem nachgebildeten Attribut der Einzelsystemelemente
ab.

Gruppierungsmerkmal		Attribute für einen Industrieroboter
statisch	− Typ und Nummer der Elemente − Position und technische Leistung der permanenten Elemente − fertigungsbezogene Daten der temporären Elemente	− Identifizierungsnummer − Greifertyp − durchschnittliche Be− und Entladezeit an einer Maschinenstation − durchschnittliche Be− und Entladezeit an einer Pufferstation − durchschnittliche Verfahrgeschwindigkeit
dynamisch	− Zustand der Elemente − Position der temporären und ortsveränderlichen permanenten Elemente − Zeitpunkt der Ereignisse	− Zustand der Verfügbarkeit − Identifizierungsnummer des gegriffenen Werkstücks − aktuelle Position auf dem Verfahrweg − Zeitpunkt des Bedienendes an einer Station − Zeitpunkt des Ausfallbeginns − Zeitpunkt des Reparaturendes
statistisch	− Arbeitsverhältnis und Ausnutzung der permanenten Elemente − Durchlaufverhältnis der temporären Elemente	− totale Anzahl der beschickten Werkstücke − totale Bedienzeit − totale Leerverfahrzeit − totale Länge der Verfahrwege − totale Ausfalldauer − Prozent der Leerverfahrzeit − Auslastung

Bild 14: Gruppierungsmerkmal der Elementattribute

5.1.2   Erarbeiten von Beziehungen in einem Fertigungssystem

Die Systemeigenschaften, die zwischen den Systemelementen gebildet und während der Zustandsänderung des Systemelements eingehalten werden, werden als Beziehungen zwischen den Systemelementen bezeichnet. Solche Beziehungen können mit Hilfe der

in **Bild 15** dargestellten Merkmale analysiert und erfaßt werden.

Diese Beziehungen zwischen den Systemelementen zeigen die Struktur eines Fertigungssystems und sind selbst ein Teil des verbalen Modells für ein Fertigungssystem. Je komplexer das nachzubildende System ist, desto größer ist die Anzahl der Beziehungen zwischen den Systemelementen.

Gruppierungsmerkmal			Beispiel	
			BS1	BS2
Art der bezogenen Systemelemente	Beziehung zwischen den permanenten Systemelementen	Beziehung zwischen den Elementen, die zu einem Teilbereich gehören	O	O
		Beziehung zwischen den Elementen, die zu verschiedenen Teilbereichen gehören		O
	Beziehung zwischen den permanenten und temporären Systemelementen			
	Beziehung zwischen den temporären Systemelementen			
technische Eigenschaft	rein geometrische Beziehung			O
	technisch-funktions-bezogene Beziehung		O	
Verhalten über die Zeit	statische Beziehung		O	O
	dynamische Beziehung			

O : erfüllt

BS1 : Beziehung zwischen der Maschinenstation und der Pufferstation in einer Fertigungszelle.

BS2 : Beziehung zwischen den Knoten und den Kanten in den miteinander verketteten Fertigungszellen

Bild 15: Gruppierungsmerkmal der Beziehungen zwischen den Fertigungssystemelementen

Außer der Beziehung zwischen den Systemelementen werden zwei Beziehungsarten aus dem dynamischen Ablauf eines Fertigungssystems abgeleitet und in **Bild 16** zusammengefaßt.

Zweck und abgeleitete Information / Arten	Zweck der Beziehung	abgeleitete Information aus der Beziehung
Beziehung zwischen Zustandsänderungen der Systemelemente	Beschreibung des Systemablaufs	Strategien zur Systemablaufsteuerung
Beziehung zwischen Systemelementzuständen	Beschreibung der Systemzustandsänderung	Ereignisse für jedes Systemelement
Beziehung zwischen Systemelementen	Beschreibung der zu simulierenden Systemstruktur	Datenstruktur für das System

Bild 16: Beziehungsarten für ein Fertigungssystem

5.1.3 Nachbildung der Beziehungen zwischen den Elementen

Über die Modellierung eines Fertigungssystems mit Hilfe einer
allgemeingültigen Beschreibung der Beziehungen zwischen den
Systemelementen sind bis jetzt keine Untersuchungen bekannt
geworden. Der Schwerpunkt des Datenstrukturentwurfs war die
Nachbildung der Einzelsystemelemente. Wenn ein Simulationsgegenstand komplex und umfangreich ist, hat die Nachbildung dieser Beziehungen zunehmende Bedeutung. Zur Einschränkung der
Nachbildungskomplexität der Beziehungen zwischen den Systemelementen ist eine Beschreibungsmethode dieser Beziehungen notwendiges Hilfsmittel zum Datenstrukturentwurf.
Mit Hilfe dieser Beschreibungsmethode können die möglichen Beziehungen in einem Realsystem systematisch erfaßt und überprüft
werden.

Vor der Bestimmung der Datenstruktur wird folgendes vorausgesetzt:

- Die Datenstruktur soll nicht nur die beiden Teilbereiche,
  Teilefertigung und Transport, die der Simulationsgegenstand
  dieser Arbeit sind, sondern auch die anderen Teilbereiche im
  Fertigungssystem umfassen.

- In der Datenstruktur werden die Einzelteilbereiche einheitlich als Zelle betrachtet.

Die Zerlegung eines Fertigungssystems wird bis auf die Ebene
der Grundfunktionen der Systemelemente durchgeführt, wobei eine
Generierung der Einzelfertigungssysteme aus den Unterelementen
möglich sein muß (Bild 17).

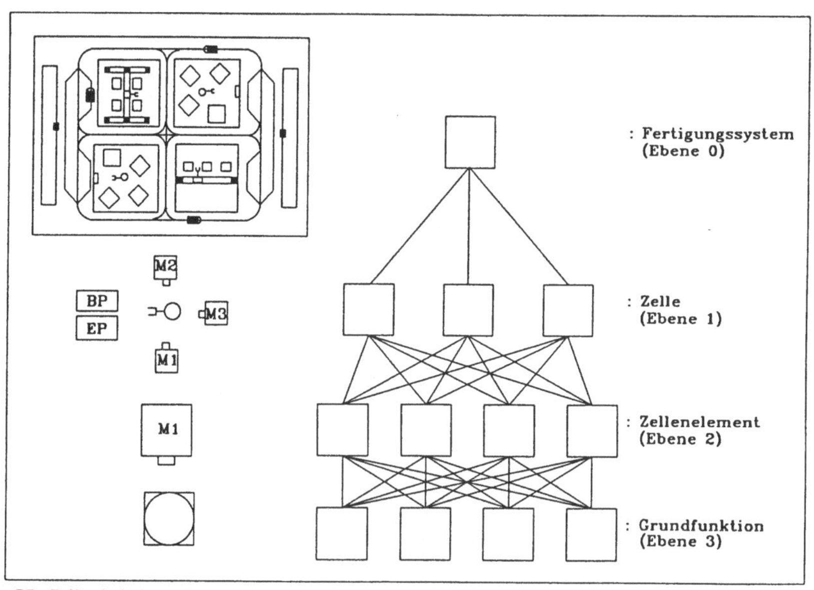

Bild 17: Zerlegung eines Fertigungssystems in Unterelemente

Um das, aus der Zerlegung der Fertigungssysteme resultierende,
logische Schema festhalten und dokumentieren zu können, wird
hier eine modifizierte Form des Entity/Relationship-Modells als
Hilfsmittel zur Darstellung eines Fertigungssystems benutzt
/67/.

In diesem Modell werden die mathematischen Relationen unter-
schieden,

- nach Funktionalität:
  1 : 1, 1 : n und m : n und
- nach Abhängigkeit:
  alle : alle, alle : einige, einige : alle
  und einige : einige.

Die Funktionalität eines Beziehungstyps zwischen den zwei Ob-
jektmengen legt fest, wieviel Elemente in einer Menge zu einem
Element in der anderen Menge in Beziehung stehen. Stehen mehrere Elemente einer Menge B zu einem Element in der anderen
Menge A in Beziehung und steht genau ein Element der Menge A zu
einem Element der Menge B in Beziehung, ist die Funktionalität
der Beziehungstyp zwischen den Mengen A und B:

- 1 : n

Bei einem gegebenen Beziehungstyp zwischen den zwei Objekt-
mengen regelt die Abhängigkeit, ob Elemente in einer Objektmenge unabhängig von Elementen der anderen Objektmenge, bzw.
umgekehrt, existieren können oder nicht. Hängt die Existenz
aller Elemente einer Menge von der Existenz einiger Elemente
der anderen Menge ab, ist die Abhängigkeit :

- alle : einige.

Wenn eine Menge aus n Untermengen, die miteinander in Beziehung
stehen, besteht, können die möglichen Beziehungen zwischen diesen Untermengen bis zu $n(n-1)/2$ mal bestehen.

Zur Nachbildung eines ortsveränderlichen Industrieroboters
werden die beiden Elemente, Knoten und Kante, als permanente
Elemente einer Fertigungszelle betrachtet (<u>Bild 18</u>). Der Verfahrweg für einen ortsveränderlichen Industrieroboter wird in

die Kanten unterteilt. Jeder Position, an der dieser Industrieroboter die anderen Zellenelemente, Maschine und Puffer,
bedient, wird ein Knoten zugeordnet. Außer solchen Knoten und
Kanten werden die anderen in einer Fertigungszelle liegenden
Knoten und Kanten, die durch die Überlagerung des Transportsystems auf den Fertigungszellen erzeugt werden, als eigene
Elemente des Transportsystems betrachtet.

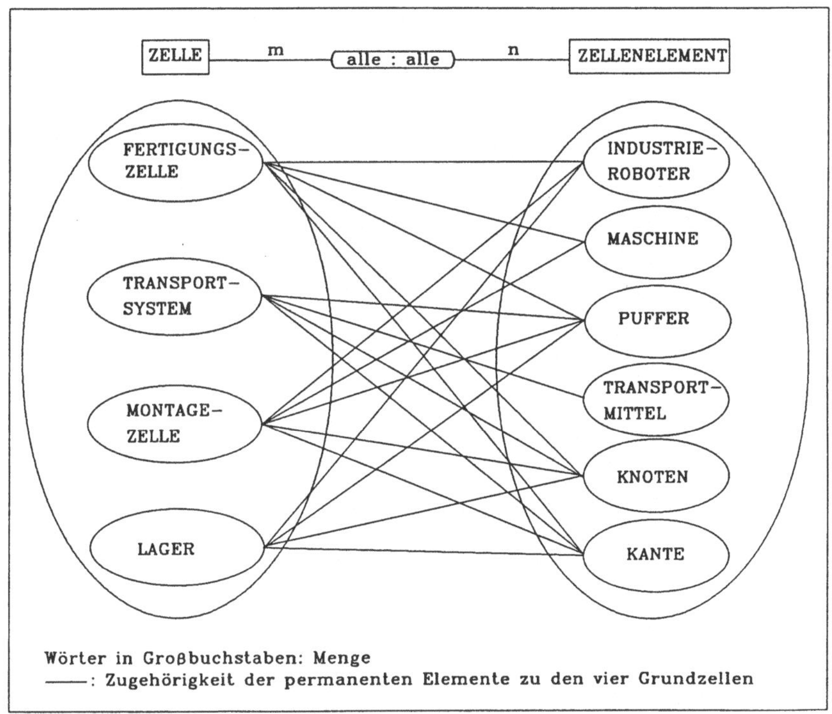

Bild 18: Funktionalität und Abhängigkeit der Beziehung
zwischen den Mengen, Zelle und Zellenelement

Bei einer Fertigungszelle zur Teilefertigung können die bestehenden Beziehungen zwischen den Elementen mit Hilfe der
Funktionalität und Abhängigkeit dargestellt werden (Bild 19).

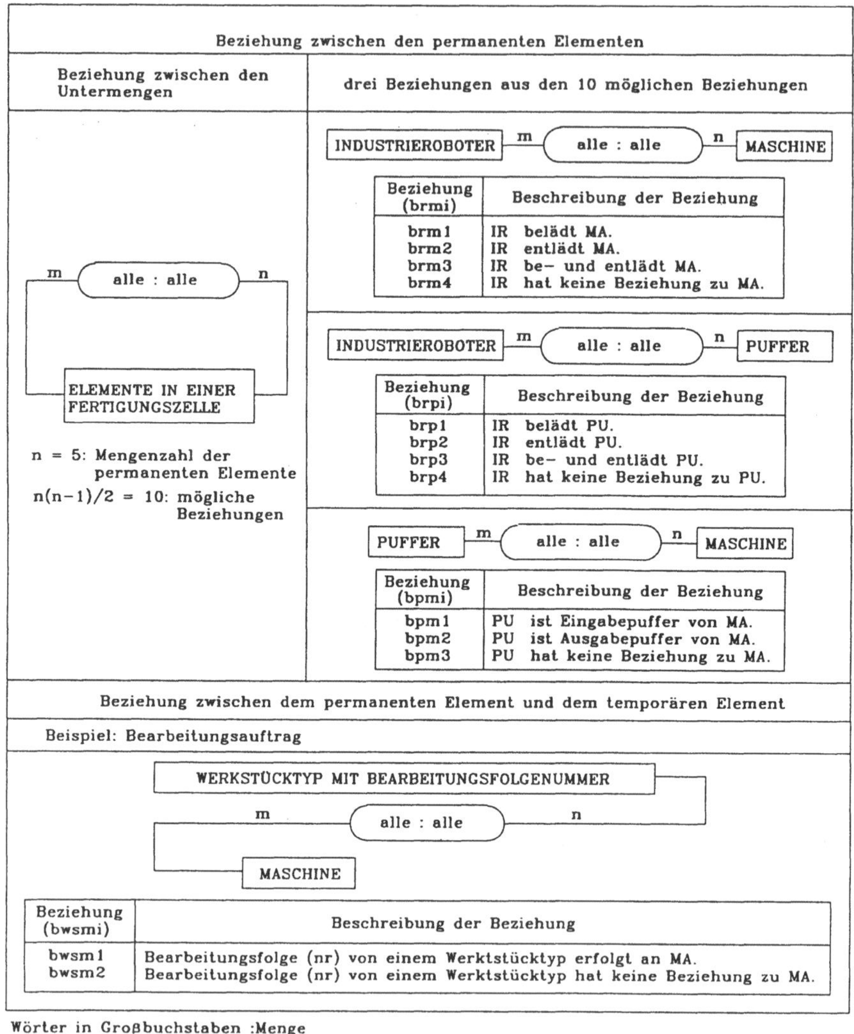

Bild 19: Beziehungen zwischen den Elementen für eine Fertigungszelle

Um die Beziehung zwischen den Mengen, Werkstück und Maschine,
als einen Bearbeitungsauftrag für die Zelle vollständig zu
beschreiben, wird die Bearbeitungsfolgennummer mit jedem
Werkstücktyp zusätzlich gekoppelt.

Die Mengenzahl der permanenten Elemente für ein Transportsystem
beträgt 4 und die Anzahl der möglichen Beziehungen zwischen
diesen Elementen 4(4-1)/2 (Bild 18). Von sechs Beziehungen haben vier im Realprozeß Bedeutung (<u>Bild 20</u>).

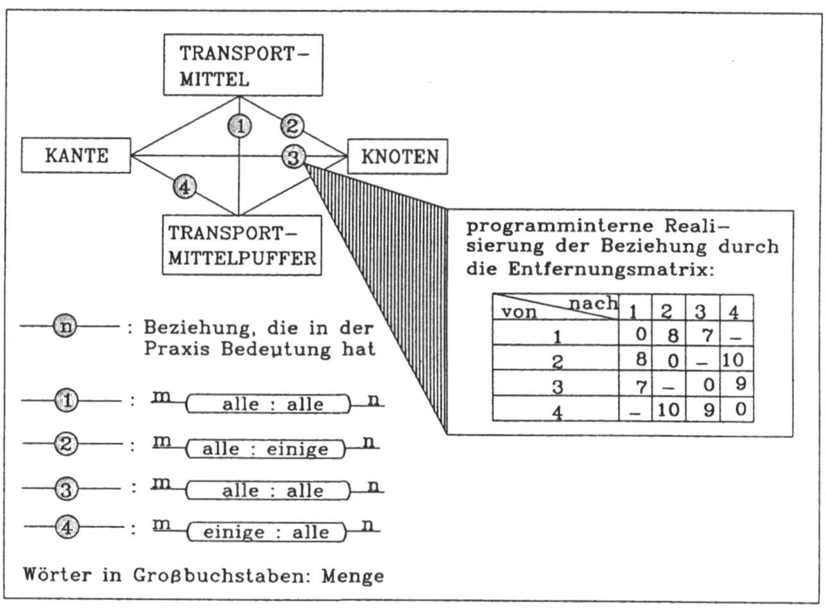

von \ nach	1	2	3	4
1	0	8	7	–
2	8	0	–	10
3	7	–	0	9
4	–	10	9	0

Bild 20: Beziehungen zwischen den permanenten Elementen für ein
Transportsystem

<u>Bild 21</u> zeigt ein Entity/Relationship-Modell für ein Ferti-
gungssystem als logische Datenstruktur, die im Simulationsprogramm SIZES (Simulator für ein zellenorientiertes Fertigungssystem) zur Nachbildung der statischen Struktur des Realsystems
verwendet wird /68/.

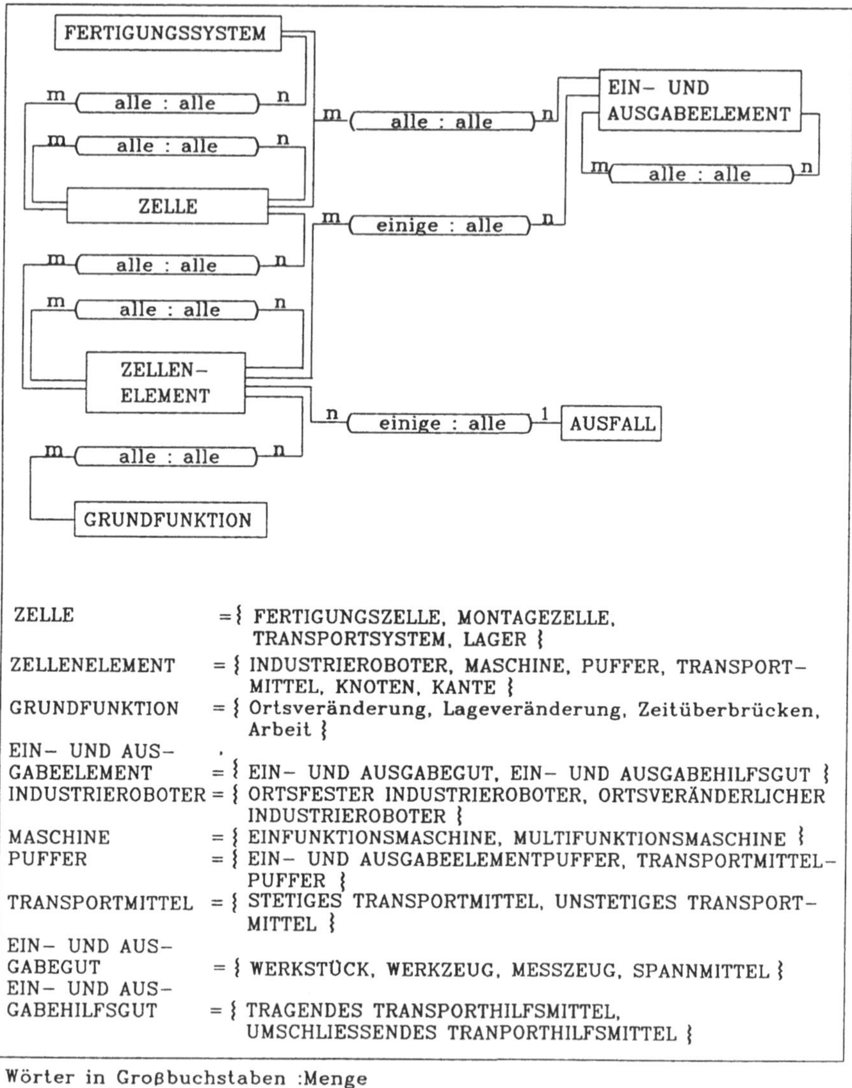

ZELLE	= { FERTIGUNGSZELLE, MONTAGEZELLE, TRANSPORTSYSTEM, LAGER }
ZELLENELEMENT	= { INDUSTRIEROBOTER, MASCHINE, PUFFER, TRANSPORT-MITTEL, KNOTEN, KANTE }
GRUNDFUNKTION	= { Ortsveränderung, Lageveränderung, Zeitüberbrücken, Arbeit }
EIN- UND AUS-GABEELEMENT	= { EIN- UND AUSGABEGUT, EIN- UND AUSGABEHILFSGUT }
INDUSTRIEROBOTER	= { ORTSFESTER INDUSTRIEROBOTER, ORTSVERÄNDERLICHER INDUSTRIEROBOTER }
MASCHINE	= { EINFUNKTIONSMASCHINE, MULTIFUNKTIONSMASCHINE }
PUFFER	= { EIN- UND AUSGABEELEMENTPUFFER, TRANSPORTMITTEL-PUFFER }
TRANSPORTMITTEL	= { STETIGES TRANSPORTMITTEL, UNSTETIGES TRANSPORT-MITTEL }
EIN- UND AUS-GABEGUT	= { WERKSTÜCK, WERKZEUG, MESSZEUG, SPANNMITTEL }
EIN- UND AUS-GABEHILFSGUT	= { TRAGENDES TRANSPORTHILFSMITTEL, UMSCHLIESSENDES TRANPORTHILFSMITTEL }

Wörter in Großbuchstaben :Menge
andere Wörter   :Element der Menge
AUSFALL ist eine Menge mit einem Element.

Bild 21: Entity/Relationship-Modell für ein Fertigungssystem

Die Identifizierung eines einzelnen Elements erfolgt durch
die Angabe der Ebene in Verbindung mit einer das Element in
der Ebene des Bildes 21 bezeichnenden Nummer:

- Zelle:
  Dieser Ebene werden die vier Grundzellen zugerechnet, die
  nach den Ausführungsformen der aus den Fertigungszellen
  bestehenden Fertigungssysteme und den Rechnerebenen in zel-
  lenorientierten Fertigungssystemen extrahiert wurden.

- Zellenelement:
  Als Zellenelemente sind die sechs in Bild 25 beschriebenen Elemente eingeführt. Jedes Einzelelement kann durch die
  Kombination von vier Grundfunktionen in der Ebene 3 charak-
  terisiert werden. Das beschreibende Attribut eines Zellenelements hängt von den basierenden Grundfunktionen ab.

  z.B.: ein ortsveränderlicher Industrieroboter
        = Ortsveränderung + Lageveränderung

- Grundfunktion:
  Der Ebene werden vier Grundfunktionen zur Beschreibung des
  Material- und Informationsflusses zugerechnet. Die Ortsveränderung beschreibt die Transportarbeit; die Lageverände-
  rung die Handhabungsarbeit. Die Grundfunktion "Arbeit" umfaßt
  die Teilefertigungs- und Montagearbeit.

Um die Anforderung an die Datenstruktur, Trennung der auftrags-
bezogenen Daten von anderen Stammdaten des Fertigungssystems,
zu erfüllen, werden die Ein- und Ausgabeelemente von den permanenten Systemelementen in der Datenstruktur getrennt realisiert.

5.1.4   Speicherungsstruktur

Um das Modell in ein Programmsystem umzuwandeln, ist letzt-
lich die Abbildung der Datenstruktur auf Datenfelder erforderlich. Der hierzu notwendige Abbildungsvorgang erfolgt nach einer vereinbarten Vorgehensweise, die durch die Speicherstruktur
und Algorithmen festgelegt ist.

Im Gegensatz zur Datenstruktur wird die Realisierung der Speicherungsstruktur von Kompromißlösungen bestimmt. Hier muß die
Flexibilität durch höheren Speicherplatzbedarf, oftmals auch
durch längere Zugriffszeiten, erkauft werden. Die Änderung der
Priorität in Abhängigkeit vom Anwendungsgebiet bedingt zusätzliche Schwierigkeiten. Infolgedessen steht bei der Planungsarbeit des Komplexsystems das Kriterium des Speicherplatzbedarfs im Vordergrund, während bei der Anwendung als
Steuerungshilfsmittel einer möglichst geringen Zugriffszeit
größeres Gewicht beizumessen ist.

Zur Auswahl der optimalen Speicherungsstruktur wurden die
drei typischen Varianten, linearer Vektor, verkettete Liste und
Baum, anhand der Anforderungen an die Speicherungsstruktur
verglichen (Bild 22).

Bewertungs-kriterium / Speicherungs-struktur	linearer Vektor	verkettete Liste	Baum
dynamische Speicherung	○	●	○
Rechenzeit (Zugriff und Daten-auswertung)	●	○	◐
Einfachheit der Modifizierung der statischen Struktur und der Programmierung	◐	○	●

● positive ◐ mittlere ○ negative Bewertung

Bild 22: Bewertung der drei Speicherungsstrukturen

Bezüglich des Speicherplatzbedarfs ist der Unterschied zwischen der verketteten Liste und dem Baum nicht besonders groß. Die dynamische Datenstruktur der verketteten Liste hat einen erheblich kleineren Speicherplatzbedarf, während ihr großer Nachteil besonders im langsamen Datenzugriff zu sehen ist.

Bei der Auswahl der Speicherungsstruktur ist das Bestreben erforderlich, die Vorzüge von drei Strukturen zu kombinieren und deren Nachteile weitgehendst zu eliminieren. Zur Bestimmung der Speicherungsstruktur werden folgende Kriterien als Gruppierungsmerkmal aller Daten ausgewählt:

- Mengenverhältnis der Daten während des Simulationsablaufs
  (dynamisch, statisch)
- Zugriffshäufigkeit der Daten während des Simulationsablaufs
- zukünftige Änderungshäufigkeit der Daten

Alle Daten des Simulationsprogramms werden mit Hilfe der oben erwähnten Kriterien bewertet. Den Daten, die ein dynamisches Mengenverhältnis haben, wird wegen der begrenzten Speicherkapazität des Personal Computers bevorzugt die verkettete Liste zugeordnet.
Erst den Einzeldaten in <u>Bild 23</u> werden zwei Bewertungskriterien aus drei oben ermittelten Kriterien, Haupt- und Nebenkriterium, zugeordnet, dann mit Hilfe des Gewichtfaktors der Bewertungskriterien und der Speicherungsstruktur der summierte Wert gegeben.

Daten	Speicherungsstruktur		
	linearer Vektor	verkettete Liste	Baum
identifizierendes Attribut der System-elemente	12.5	0	10.0
beschreibendes Attribut der System-elemente	10	0	12.5
Beziehung zwischen den permanenten Systemelementen	12.5	0	10.0
Beziehung zwischen den permanenten und temporären Systemelementen	12.5	0	10.0
Liste der temporären Systemelemente	5	10	2.5
Blockstrecken des Transportnetzes	5	10	2.5
Liste des Handhabungs- und Trans-portauftrags	5	10	2.5
Liste der Ereignisse	5	10	2.5
Entstehungshäufigkeit für jede Maschine in der Liste des Handha-bungsauftrags	5	10	2.5

☐ : ausgewählte Speicherungsstruktur für alle Daten

Gewichtfaktor für die drei Bewertungen der Speicherungsstruktur:
●: 10;   ◖: 5;   ○: 0   (Bild 22)

Gewichtfaktor für die Bewertungskriterien der Speicherungsstruktur:
Hauptkriterium: 1.0;   Nebenkriterium: 0.5

Bild 23: Speicherungsstruktur des Programms

5.2   Erstellen der Programmstruktur

5.2.1   Beschreibung der Ereignisfolge

Der Zustand und das Verhalten von diskreten Systemen ist
vollständig durch das Aufeinandertreffen von Ereignissen zu beliebigen Zeitpunkten zu beschreiben. Ein Ereignis ist eine
Zustandsänderung zu einem Zeitpunkt. Das Ereignis selbst hat
keinen zeitlichen Verlauf. Beim diskreten System erfolgt die

Steuerung des zeitlichen Ablaufs im System durch die Reihenfolge der Ereignisse, die entlang des Programmablaufs erzeugt und durch das Programm gesteuert werden müssen.

Um die Allgemeingültigkeit des Simulationsprogramms zu erhöhen und durch Vermeidung der Fehler die Programmentwicklung zu beschleunigen, wird das Petri-Netz als Hilfsmittel zur Beschreibung der Ereignisfolge eingesetzt.

Petri-Netze können als Hilfsmittel zur Überprüfung des dynamischen Ablaufs in einem nachzubildenden System und zur Ermittlung der elementaren Zustände, Ereignisse und Systemelementkopplungen über gemeinsame Transitionen dieses Systems benutzt werden. Der realisierte Zustand in einem Petri-Netz wird mit einer Marke belegt. Findet ein Ereignis statt, werden die Marken von ihren Eingangszuständen entfernt und ihre Ausgangszustände mit je einer Marke belegt. Eine Änderung der aktuellen Situation in einem Realsystem erfolgt durch schaltende Ereignisse im entsprechenden Petri-Netz.

Die mit Hilfe des Petri-Netzes ermittelten elementaren Zustände, Ereignisse und Systemelementkopplungen über gemeinsame Transitionen werden wie folgt als Unterlage zur Programmentwicklung weiterbenutzt:

- elementare Zustände zur Nachbildung der Ereigniserzeugung
  und -aktualisierung
- elementare Ereignisse zur Nachbildung der Ereignisaktualisierung und -auswahl
- elementare Systemelementkopplungen über gemeinsame Transitionen zur Nachbildung der Ereignisauswahl

Um diese elementaren Zustände, Ereignisse und Systemelementkopplungen über gemeinsame Transitionen zu ermitteln, muß der durch das Petri-Netz zu beschreibende Ablauf für ein nachzubildendes System die folgenden Anforderungen erfüllen:

- Der Ablauf muß die möglichen systeminternen Beziehungen zwischen den Systemelementen enthalten.
- Der Ablauf muß die möglichen Ereignisse an der Systemgrenze enthalten.

5.2.1.1 Fertigungszelle

Bild 24 zeigt einen Ereignisablauf in einer nach den obigen Anforderungen und Pflichtenheften für das Programm ausgewählten
Fertigungszelle, die aus einer Maschine, zwei Puffern und einem
Industrieroboter besteht. Beide Pufferstationen sind Zellenbe-
und- entladepuffer. Der Industrieroboter ist ortsfest und mit
einem Doppelgreifer gerüstet. Jedem Zellenelement wird ein eigener Graph zugeordnet. Während des Zellenablaufs werden die
einzelnen Zellenelemente über gemeinsame Transitionen und
Plätze gekoppelt.

In **Bild 25** sind die elementaren Ereignisse dieser Ereignisfolge
zusammengefaßt. Die elementaren Einzelzustände der Zellenelemente werden in **Bild 26** wiedergegeben.

Mit Hilfe dieser elementaren Ereignisse kann ein beliebiger
Ablauf für eine Fertigungszelle in ein entsprechendes Petri-
Netz umgeschrieben werden.

Für eine Fertigungszelle werden die Einzelelemente, die zu einem Zeitpunkt über gemeinsame Transitionen und Plätze gekoppelt
werden, während des Simulationsablaufs durch die Steuerungsstrategien der Zelle mit Hilfe der folgenden Daten identifiziert:

- Zustände der Einzelelemente
- Bearbeitungszustände der Werkstücke in der Zelle
- Beziehungen zwischen den permanenten Elementen der Zelle
- Bearbeitungsfolge für jeden Werkstücktyp

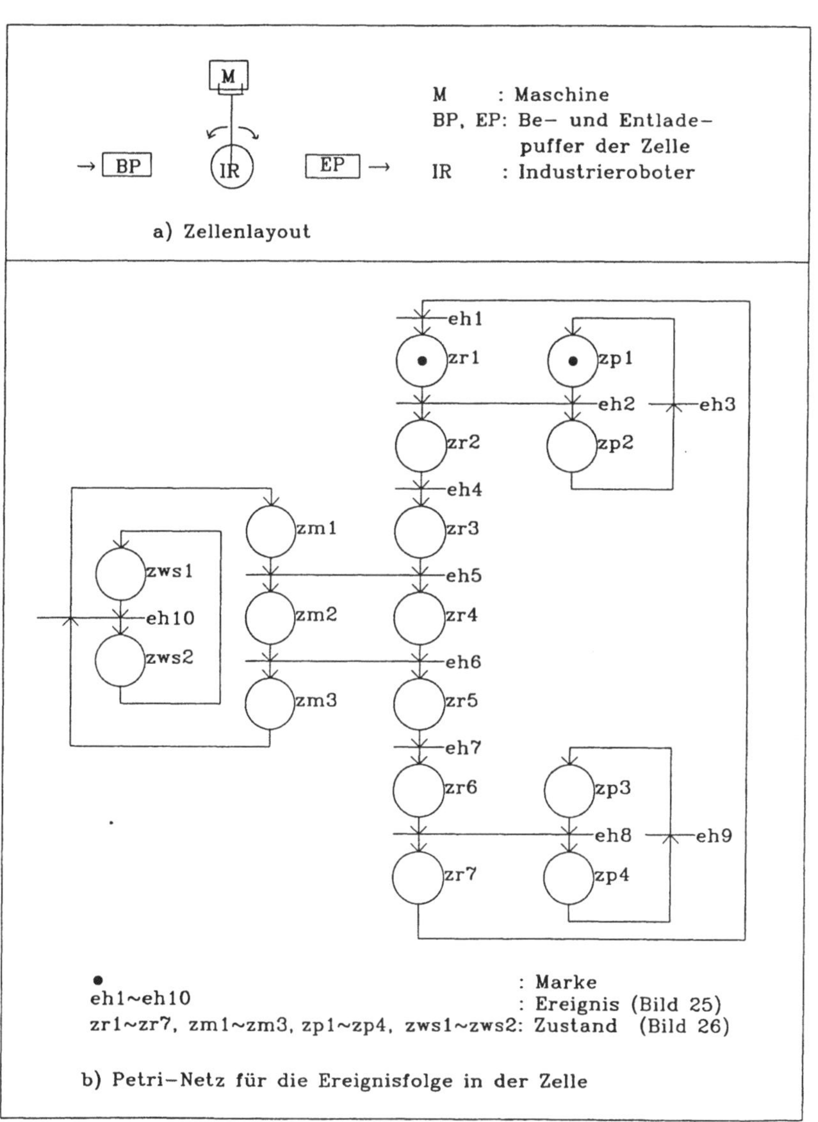

Bild 24: Darstellung des Ablaufs einer Fertigungszelle

Ereignis (ehi)	Ereignisbeschreibung
eh1	Beendigung der Industrieroboterbewegung nach der Pufferstation
eh2	Entnehmen eines zu fertigenden Teils aus dem Puffer
eh3	Werkstückeingabe in den Puffer
eh4	Beendigung der Industrieroboterbewegung nach der Maschinenstation
eh5	Entnehmen des gefertigten Teils aus der Maschine
eh6	Ablegen des zu fertigenden Teils in die Maschine
eh7	Beendigung der Industrieroboterbewegung nach der Pufferstation
eh8	Ablegen des gefertigten Teils in dem Puffer
eh9	Werkstückausgabe aus den Puffer
eh10	Beendigung der Werkstückbearbeitung

Bild 25: Elementare Ereignisse in einer Fertigungszelle

Zustand		Zustandsbeschreibung
Industrieroboter (zri)	zr1	Greifer auf Position des Puffers
	zr2	zu fertigendes Teil im Greifer
	zr3	Greifer auf Position der Maschine
	zr4	zu fertigende und gefertigte Teile im Greifer
	zr5	gefertigtes Teil im Greifer
	zr6	Greifer auf Position des Puffers
	zr7	Greifer ist leer und Industrieroboter ist arbeitsbereit
Maschine (zmi)	zm1	gefertigtes Teil in der Maschine
	zm2	Maschine ist leer und arbeitsbereit
	zm3	Maschine läuft
Puffer (zpi)	zp1	mindestens ein zu fertigendes Teil im Puffer
	zp2	Teilezahl im Puffer nimmt um eins ab.
	zp3	mindestens ein freier Platz im Puffer
	zp4	Teilezahl im Puffer nimmt um eins zu.
Werkstück (zwsi)	zws1	folgende Maschine ist die Maschine zur Bearbeitung der nächsten Bearbeitungsfolge für dieses Werkstück.
	zws2	Ausgeführte Bearbeitungsfolgenzahl nimmt um eins zu.

Bild 26: Elementare Zustände der Zellenelemente

5.2.1.2 <u>Transportsystem</u>

Um die elementaren Zustände, Ereignisse und Systemelementkopplungen über gemeinsame Transitionen für ein Transportsystem zu
ermitteln, wird ein in <u>Bild 27</u> gezeigtes Transportsystem ausgewählt. Der Knoten 1 ist die Eingangsstation dieses Systems und
der Knoten 7 die Ausgangsstation. Am Knoten 5 erfolgt der
Übergang der Transporteinheiten zwischen dem Zellenbe- und
-entladepuffer und dem Fahrzeug.

Die Kante 12 ist ein Transportmittelpuffer, ein Depot, für dieses Transportsystem. Während der Fahrzeugbewegung kann nur ein
Fahrzeug zu einem Zeitpunkt auf einer Kante, die aus einer
Blockstrecke besteht, bleiben. Mit Hilfe des Petri-Netzes für
die Fahrzeugbewegung entlang der folgenden Knotenfolge werden
die Zustände und Ereignisse in Bild 27 ermittelt:

KN10 - KN1 - KN5 - KN7 - KN10

Die Fahrzeugbewegung entlang dieser Knotenfolge besteht aus
folgenden Einzeltransporten:

- KN10 - KN1 : Leertransport
- KN1 - KN5 : Lasttransport
- KN5 - KN7 : Lasttransport
- KN7 - KN10: Leertransport

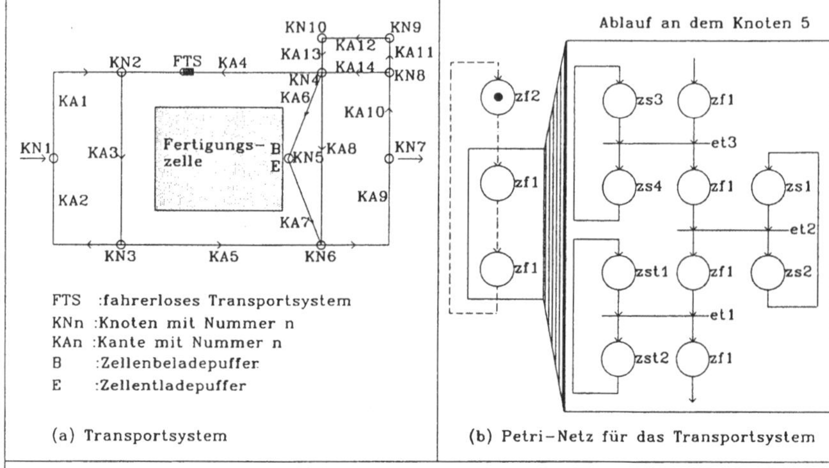

Ereignis (eti)	Ereignisbeschreibung
et1	Fahrzeug verläßt eine Strecke.
et2	Beladen des Fahrzeugs
et3	Entladen des Fahrzeugs
et4	Eingabe einer Transporteinheit in die Eingangsstation
et5	Ausgabe einer Tranporteinheit aus der Ausgangsstation

Zustand			Zustandsbeschreibung
Fahrzeug	(zfi)	zf1	Fahrzeug mit dem Zielort steht auf einer Strecke.
		zf2	Fahrzeug ohne Zielort steht auf einer Strecke.
Strecke	(zsti)	zst1	Strecke ist frei.
		zst2	Strecke ist besetzt.
Station an dem Abhol- und Zielort	(zsi)	zs1	mindestens eine zu transportierende Einheit in der Station
		zs2	Anzahl der Transporteinheiten in der Station nimmt um eins ab.
		zs3	mindestens ein freier Platz in der Station
		zs4	Anzahl der Transporteinheiten in der Station nimmt um eins zu.
Depot	(zdi)	zd1	mindestens ein arbeitsbereites Fahrzeug im Depot
		zd2	Anzahl der Fahrzeuge im Depot nimmt um eins ab.
		zd3	mindestens ein freier Platz im Depot
		zd4	Anzahl der Fahrzeuge im Depot nimmt um eins zu.

Bild 27: Darstellung des Ablaufs eines Transportsystems

5.2.2 Modulaufteilung des Simulationssystems

Die Modularisierung ist eine Programmierstrategie zur Bewältigung der Problemkomplexität. Sie zielt darauf, möglichst unabhängige, in sich geschlossene Bereiche zu schaffen, die einerseits das System überschaubar machen und andererseits unabhängig voneinander entwickelt und ausgetauscht werden können. Die Beziehungen zwischen den Modulen müssen in einer konzeptionell klaren und durchgängigen Form kontrolliert werden. Um das in Kapitel 3 beschriebene erste Kriterium an die Modulaufteilung, Einfachheit der Schnittstellen, zu erfüllen, werden Module nach zwei Prinzipien gebildet:

- Nach dem Prinzip des "Information Hiding" werden Module als in sich abgeschlossene Einheiten dargestellt, über deren Inneres möglichst wenig Informationen nach außen hin bekannt gemacht werden.
- Nach dem Datenabstraktionsprinzip werden Datenstrukturen, welche in der verwendeten Programmiersprache nicht implementiert sind, als Modul realisiert. Dieses Prinzip besitzt hier besonderes Gewicht, da ein Simulationssystem eine starke Datenorientierung aufweist. Eine abstrakte Datenstruktur ist problemorientiert und wird durch die Zugriffsfunktionen zur Anwendung bereitgestellt. Die Definition der zulässigen Zugriffsfunktionen orientiert sich an den Erfordernissen des Modulbenutzers. Dadurch ist die Benutzung jeder Zugriffsfunktion ohne Kenntnis über die interne Repräsentation möglich.

Als ein Beispiel für diese abstrakte Datenstruktur zeigt Bild 28 die Schnittstellen des Moduls zur werkstückbezogenen Zustandsänderung in der Fertigungszelle. Jede Zugriffsfunktion ist zellenelementorientiert definiert. Wenn eine Zustandsänderung eines Zellenelements erforderlich ist, wird der Zustand dieses Elements durch den Aufruf einer entsprechenden Zugriffsfunktion aktualisiert.

Die Schnittstellen der SIZES Module bestehen aus den Namen der
Zugriffsfunktionen, Reihenfolgebedingungen für deren Aufruf und
eventuell erforderlichen Parametern. Der Zugriff auf die Glo-
baldatenstruktur ist nur durch solche Zugriffsfunktionen möglich. Hierdurch wird die Flexibilität des Programmaufbaus
erhöht. Diese Gestaltung erlaubt weiterhin den Vergleich der
unterschiedlichen Speicherstrukturen, ohne daß die Module der
oberen Abstraktionsebenen davon beeinflußt werden.

Das Kriterium der getrennten Übersetzbarkeit kann durch höhere
Programmiersprachen erfüllt werden. Die Sprache PASCAL wird aus
den folgenden Gründen ausgewählt:

- Realisierungsmöglichkeit der drei Speicherungsstrukturen (Bild 22)
- Verbreitung der Sprache
- Übersichtlichkeit bei der Programmierung

Modul: werkstückbezogene Zustandsänderung

Vereinbarung modullokaler Daten

WSEG
  Aufgabe: Eingang eines neuen Werkstücks in die Zelle
  Input-Parameter: BPN :Nummer des Zellenbeladepuffers
                   IRN :Industrieroboternummer
                   WSN :Werkstücknummer
                   WSTN :Werkstücktypnummer
                   IRBP :Abstand zwischen dem Zellenbeladepuffer
                         und dem Industrieroboter
  Output-Parameter: --

WSAG
  Aufgabe: Ausgang eines bearbeiteten Werkstücks aus der Zelle
  Input-Parameter: WSN :Werkstücknummer
                   EPN :Nummer des Zellenentladepuffers
  Output-Parameter: --

WSER
  Aufgabe: Zustandsänderung eines Werkstücks nach
           einer Bearbeitung
  Input-Parameter: K   :Kenngrösse (ja/nein)
                   WSN :Werkstücknummer
  Output-Parameter: --

PUBE
  Aufgabe: Zustandsänderung eines Puffers nach der Beladung mit
           einem Werkstück
  Input-Parameter: PUN :Puffernummer
                   WSN :Werkstücknummer
                   ITF :Bedien- und Verfahrzeit des
                        Industrieroboters
  Output-Parameter: --

WSSU
  Aufgabe: Auswahl eines Werkstücks in der Werkstückliste
  Input-Parameter: WSN :Werkstücknummer
  Output-Parameter: WSTN :Werkstücktypnummer
                    NBN :nächste Bearbeitungsfolgenummer

Zugriffsfunktion

Hilfsfunktion

Bild 28: Schnittstelle des Moduls für die werkstückbezogene
         Zustandsänderung

Um die unabhängig lauffähigen Simulationsprogramme für jeden
Einzelteilbereich zu entwickeln, ist die Ereignisfolgensteue-
rungsprozedur für jeden Teilbereich getrennt in einem eigenen
Modul der Abstraktionsstufe 2 (Bild 29) realisiert. Nach der
Kopplung der Einzelprogramme werden diese Module von der Stufe
1 aufgerufen. Durch diese Realisierung der Abstraktionsstufen 1
und 2 wird nicht nur die Modulbibliothek, sondern auch die
Programmbibliothek, die nach Bedarf die Integration der Biblio-
thekelemente gewährleistet, ermöglicht.

Das Kriterium, Weiteranwendung des Programms als prozeßbegleitendes Steuerungshilfsmittel ohne großen Umstrukturierungsaufwand, wird durch die Trennung der Einzelmodule in der Stufe 3
erfüllt. Dadurch wird auch die Weiterarbeit zur Ergänzung der
neuen Steuerungsstrategien oder zur Änderung der Nachbildungsgenauigkeit erleichtert. Zusätzlich bei der Modulaufteilung in
dieser Stufe werden die Einzelschritte des Ablaufs eines Simulationsprogramms berücksichtigt, um die Module übersichtlich zu
entwerfen.

Wie auch aus Bild 29 ersichtlich ist, sind die beiden Module
zur Modellbildung und zur Ergebnisdarstellung außerhalb des
Simulationsteils des Simulationssystems SIZES angeordnet. Im
allgemeinen ist die völlige Trennung des Benutzerschnittstel-
lenteils von dem Simulationsteil schon deshalb sinnvoll, weil
die Realisierung der Benutzerschnittstellen mit dem spezifischen Einsatzzweck durch diese Trennung unterstützt werden
kann. Mit dem Datengenerierungsmodul ist es möglich, den Simu-
lationsdetaillierungsgrad zwischen Makro- und Mikromodellen
leicht einzustellen und nach Bedarf verschiedene Datenauswer-
tungsmodule, wie ein Modul zur Darstellung eines Gantt-
Diagramms, zu ergänzen.

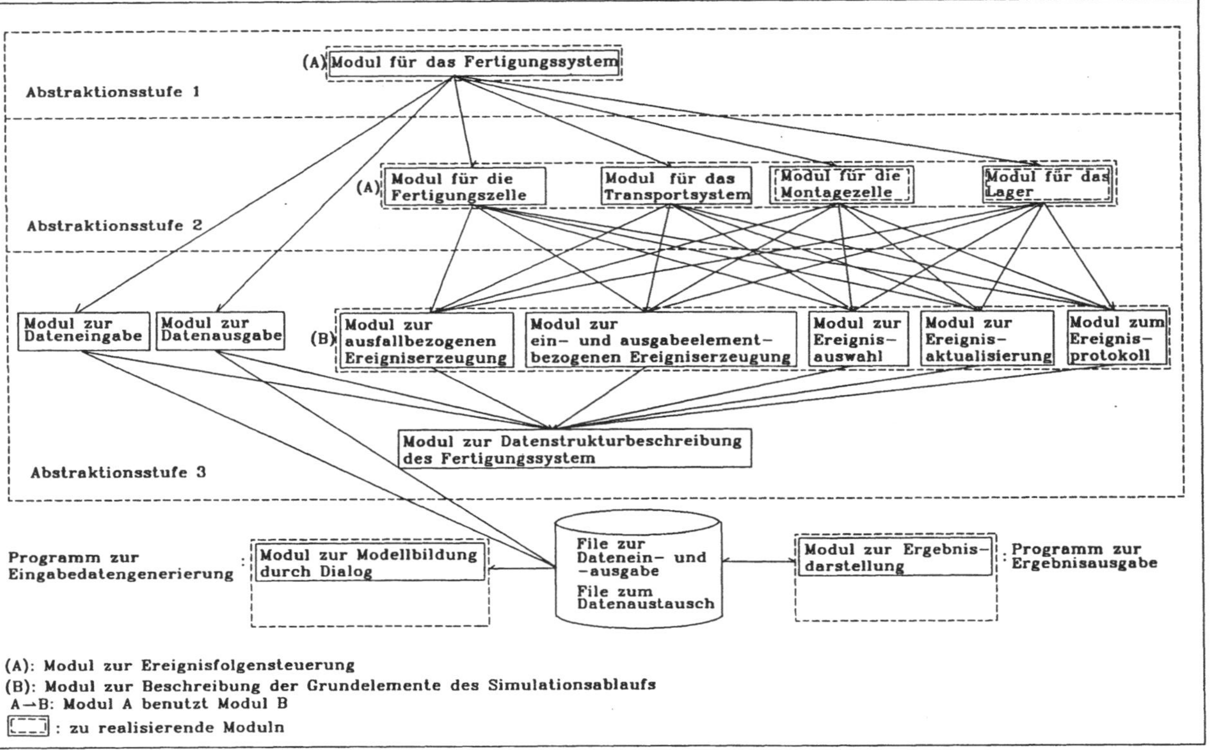

Bild 29: Modulaufteilung des Simulationssystems SIZES

5.3 Aufstellen von Hilfsmitteln zum Datenaustausch

In diesem Abschnitt ist der Programmtest kein allgemeiner
Test, der die Überprüfung des beobachtbaren Ein- und Aus-
gabeverhaltens eines fertig codierten Programms darstellt.
Er wird vielmehr verstanden als ein Vergleichstest, der durch
Analyse der Programmausgaben mehrerer Programme die Fehlerfin-
dung und die Bewertung der Aussagefähigkeit ermöglicht.

Zum Vergleichstest müssen die Eingabedaten für die zu ver-
gleichenden Programme gleich sein. Stimmen die Eingabedaten-
formate dieser Programme mit dem Datenformat der zu lesenden
Daten nicht überein, müssen spezielle Prozessoren zur Daten-
konvertierung entwickelt werden. In dieser Arbeit wird ein sy-
stemneutrales Datenformat als Hilfsmittel zur Integration des
zu entwickelnden Simulationssystems mit anderer Software eingesetzt.

Durch den Austausch der Daten für das Fertigungssystem und die
Fertigungsaufgaben ergeben sich eine Vielzahl von Vorteilen:

- Aufbau der Integrationsmöglichkeiten des zu entwickelnden
  Programms mit anderer Software, z. B. einem Datenbanksystem
- Reduzierung des Aufwands zur Eingabedatengenerierung durch
  die Gemeinsambenutzung der einmal generierten Modelldaten
- Aufbau einer Standardtestumgebung zur Zuverlässigkeitser-
  höhung des neuentwickelten Simulationsprogramms
- Vergleichsmöglichkeit der Simulationsprogramme mit Abbil-
  dungsgenauigkeit und Aussagekraft

5.3.1 Methoden zum Modelldatenaustausch

Um den direkten Austausch der Modelldaten zu realisieren,
werden spezielle Umwandlungsprogramme (Prozessoren) eingesetzt, die die Datenübertragung zwischen den unterschiedlichen
Simulationssystemen ermöglichen.

Zum Datenaustausch gibt es zwei prinzipielle Kopplungsmöglich-
keiten:

- auf der Basis systemspezifischer Schnittstellen (Punkt-zu-
  Punkt-Kopplung)
- auf der Basis einer allgemeinen, systemneutralen Schnittstelle (Sternkopplung)

Bei der ersten Kopplung muß zwischen je zwei Programmen ein
eigenständiger Prozessor erstellt werden. Um diesen Nachteil
zu vermeiden, wird hier eine systemneutrale Schnittstelle zum
Datenaustausch entwickelt. Bei dieser Kopplung ist ein logisches Datenaustauschformat von entscheidender Wichtigkeit. Zur
praktischen Anwendung dieses Datenformats muß jeweils zusätzlich die Pre- und Postprozedur zwischen dem Datenaustauschformat und jedem zu koppelnden Programm entwickelt werden.

5.3.2   Bestimmung eines Datenformats

Das zur Datenübertragung zu bestimmende Format muß die folgenden Anforderungen erfüllen:

- kleines Datenvolumen bei der Datenübertragung,
- große Effizienz beim Erstellen und Interpretieren der Daten,
- Rechnerunabhängigkeit sowie
- gute Lesbarkeit und Interpretierbarkeit der Daten.

Um eine höchstmögliche Rechnerunabhängigkeit zu erzielen,
geschieht die Übertragung der Modelldaten auf der Basis von
sequentiellen ASCII-Daten.

Ein Datenformat zum Austausch der Modelldaten wird nach dem
Fertigungssystemmodell in Bild 25 und dem SET-Format aufgebaut, weil SET im Vergleich zu IGES eine kompaktere und effi-
zientere Datenspeicherung erlaubt /69/ (Bild 30).

Das File zur Übertragung der Modelldaten besteht aus Blöcken.
Die einzelnen Blöcke und Unterblöcke werden durch die speziellen Trennzeichen, z. B. $ und #, gekennzeichnet.

Die Elemente in dem Datenformat werden in die folgenden vier
Elementklassen unterteilt:

- Technische Elemente, z. B. Fertigungsmittel,
- Geometrische Elemente, z. B. Kanten auf dem Transportnetz,
- Organisatorische Elemente, z. B. Auftrag,
- Elemente zur Fileverwaltung, z. B. Start, Ende.

Element und Klasse	Block	$ Blocktyp	Blocknummer oder -zahl	Blockiden-tifizieren	Unterblock-zahl	# Unterblocktyp, Parameter
K4	Start	S	Blockzahl	'Start'	1	
	System	1	Blocknummer	'System'	n	1, - - -
	Fertigungszelle	11	Blocknummer	'F-Zelle'	n	11, - - -
	Montagezelle	12	Blocknummer	'M-Zelle'	n	12, - - -
	Lager	13	Blocknummer	'L-Zelle'	n	13, - - -
	Transportsystem	14	Blocknummer	'T-System'	n	14, - - -
K1	Maschine	21	Blocknummer	'MA'	n	21, - - -
	Industrie-roboter	22	Blocknummer	'IR'	n	22, - - -
	Puffer	23	Blocknummer	'PU'	n	23, - - -
	Transport-mittel	24	Blocknummer	'TM'	n	24, - - -
	Transport-hilfsmittel	25	Blocknummer	'TH'	n	25, - - -
K2	Knoten	26	Blocknummer	'KN'	n	26, - - -
	Kante	27	Blocknummer	'KA'	n	27, - - -
K1	Ausfall	51	Blocknummer	'AF'	n	51, - - -
K3	Auftrag	101	Blocknummer	'AT'	n	101, - - -
K4	Ende	E	Blockzahl	'Ende'	1	

Beispiel eines Unterblocks für einen Industrieroboter:

	Roboternummer	Robotertyp	Greifertyp	Max-Verfahrgeschwindigkeit
# 22,	1,	2,	2,	90, - - - , # 22, - - -

Bild 30: Datenformat zum Austausch der Modelldaten

6   Entwicklung von Steuerungsstrategien und Ablauf
         des Programms

6.1   Entwicklung der Steuerungsstrategien

6.1.1   Funktionen der Steuerungsstrategien

Die in das Programm implementierten Steuerungsstrategien über-
nehmen in Abhängigkeit von definierten Zuständen der System-
komponenten die Entscheidung über den Prozeßablauf des Systems. Die Funktion der Einzelstrategien kann mit Hilfe der
ermittelten elementaren Systemelementkopplung über gemeinsame
Transitionen und Ereignisse an der Systemgrenze bestimmt werden.

Mit Hilfe der folgenden Eigenschaften wird eine Strategie definiert:

- Funktion
- Systemzustand als Bedingung für den Strategieeinsatz

Alle im Programm realisierten Strategien werden mit Hilfe der
Merkmale in **Bild 31** erfaßt und im Modul zur Ereignisauswahl
bereitgestellt (Bild 29). Voraussetzung für die realisierten
Strategien ist, daß der Material- und Informationsfluß in den
miteinander verketteten Fertigungszellen synchronisiert läuft.
Unter dieser Annahme kann das Realsystem von dem zu entwik-
kelnden Programm mit hoher Genauigkeit nachgebildet werden.

Gruppierungsmerkmal	Beispiel	
	BS1	BS2
Art der bezogenen Systemelemente – Strategie mit Beziehung zu den permanenten Systemelementen	◯	
– Strategie mit Beziehung zu den temporären Systemelementen		◯
– Strategie mit Beziehung zu permanenten und temporären Systemelementen		
Berücksichtigung des Systemzustandes – Strategie mit Berücksichtigung des Systemzustandes während ihres Einsatzes		
– Strategie ohne Berücksichtigung des Systemzustandes während ihres Einsatzes	◯	◯
Verhalten des bezogenen Prozesses – Strategie mit Beziehung zu dem deterministischen Prozeß		◯
– Strategie mit Beziehung zu dem stochastischen Prozeß	◯	

◯ : erfüllt

BS1: Strategie zur Nachbildung des Ausfallverhaltens der Zellenelemente

BS2: Strategie zur Transportauftragsauswahl

Bild 31: Gruppierungsmerkmal der Strategien

6.1.2   Steuerungsstrategien der Fertigungszelle

Das Materialflußverhalten in einer Fertigungszelle mit Fertigungsmitteln, die durch die Industrieroboter lose verkettet sind, entspricht dem Materialflußverhalten in einer Werkstattfertigung, da die Maschinenbelegung variabel ist.

In Bild 32 werden die Beziehungen zwischen der Menge der Steuerungsstrategien für die Fertigungszelle und der Menge, die aus den gemeinsamen Transitionen der Zellenelemente und den Ereignissen an der Zellengrenze besteht, gezeigt. Die bezogenen Zellenelemente für solche Einzelereignisse werden während des Programmablaufs durch entsprechende Strategien identifiziert.

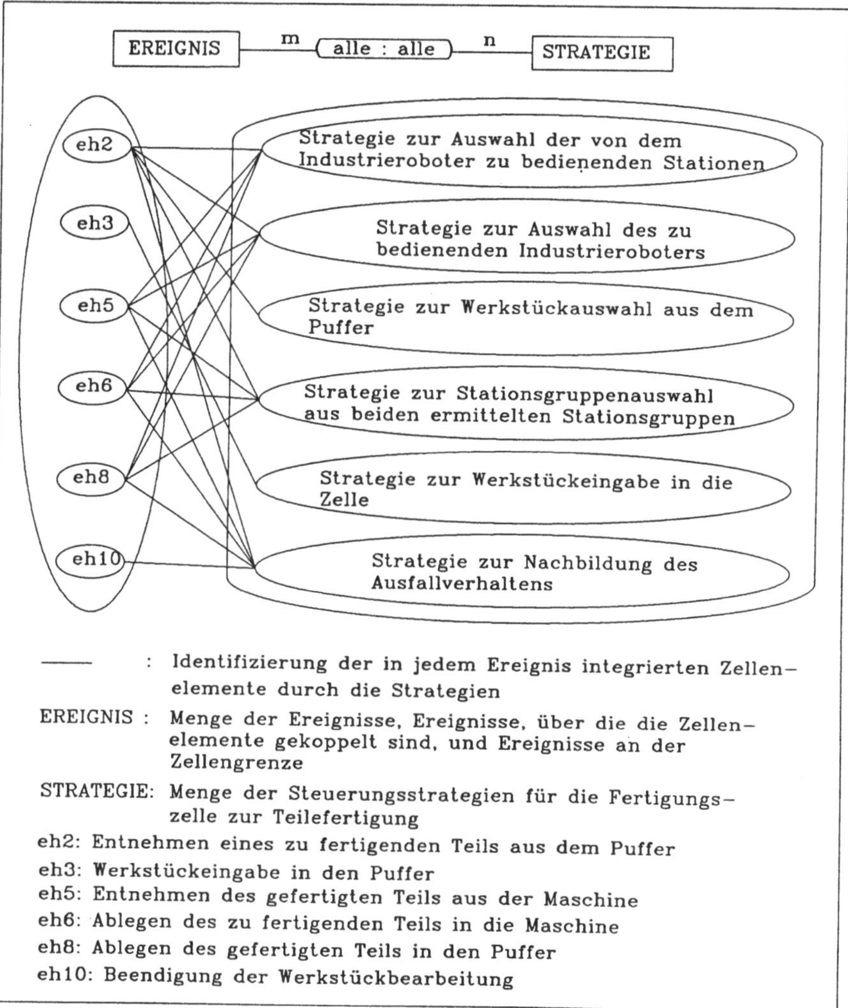

Bild 32: Beziehung zwischen den Steuerungsstrategien und den
Ereignissen aus dem Petri-Netz

Das Ereignis Werkstückausgabe aus dem Zellenentladepuffer
wird nicht durch eine eigene Strategie, sondern durch automatischen Transport aus der Zelle nachgebildet.

6.1.2.1 Strategie zur Auswahl der von dem Industieroboter zu bedienenden Stationen

Zu einem bestimmten Zeitpunkt werden die von dem Industrieroboter zu bedienenden Stationen aus den Maschinen- und Pufferstationen, die auf die Industrieroboterbedienung gewartet haben, durch diese Strategie ausgewählt.

Eine Stationsgruppe (x_i) besteht aus zwei oder drei von einem Industrieroboter zu bedienenden Zellenelementen und ist ein Element der Gesamtmenge der möglichen Stationsgruppen (Bild 33). Die Gesamtzahl dieser Menge beträgt $2^2+(2^3-1)$(wegen der nicht realisierbaren Bindung P-P-P). Durch den Einsatz des Doppelgreifers wird die Anzahl der möglichen Stationsgruppen vergrößert.

Stationsgruppe (x_i)	Einfachgreifer	Doppelgreifer
M – M	J	J
P – M	J	J
M – P	J	J
P – P	J	J
M – M – M	N	J
P – M – M	N	J
M – M – P	N	J
M – P – M	J	J
P – M – P	N	J
P – P – M	J	J
M – P – P	J	J

M: Maschinenstation   J: bedienbar
P: Pufferstation   N: nicht bedienbar
—: Beschreibung der Folge, von links nach rechts, der
   Industrieroboterbedienung in einer Stationsgruppe

Bild 33: Stationsgruppen als Handhabungsauftrag

Eine solche Gruppe von zu bedienenden Stationen bildet die Grundeinheit für einen Handhabungsauftrag des Industrieroboters. Jede Bedienung einer ausgewählten Stationsgruppe kann durch eine Ereignisfolge dargestellt werden.

Zum Simulationszeitpunkt wird die Menge der bedienbaren Stationsgruppen von dem Modul zur ein- und ausgabeelementbezogenen Ereigniserzeugung herangezogen (Bild 29).

Bei der Auswahl eines Handhabungsauftrages aus dem Gesamt-
auftragsbestand sind die Prioritätsregeln zur Reihenfolgen-
planung der Werkstattfertigung nicht direkt anwendbar, weil
diese Regeln auf eine Maschinenstation mit einer Werkstückwar-
teschlange angewandt werden. In einer Fertigungszelle steht
jedoch ein Handhabungsauftrag in Beziehung mit mindestens zwei
Stationen dieser Zelle.

Aus diesem Grunde werden die drei eindimensionalen Prioritätsregeln zur Reihenfolgeplanung der Handhabungsaufträge
aus der Sicht der Handhabung wie **Bild 34** definiert.

Prioritätsregel	Funktion
FIFO	Auswahl der Stationsgruppe mit längster Stillstandzeit $(= SZ_i)$ $$SZ_i = \begin{cases} (BEZ1) & \text{für } x_i \in \{ P-M,\ M-P,\ P-M-P,\ P-P-M,\ M-P-P \} \\ (BEZ1 + BEZ2)/2 & \text{für } x_i \in \{ M-M,\ P-M-M,\ M-M-P,\ M-P-M \} \\ (BEZ1 + BEZ2 + BEZ3)/3 & \text{für } x_i \in \{ M-M-M \} \end{cases}$$
KOZ	Auswahl der Stationsgruppe mit der kürzesten Bearbeitungszeit $(= BZ_i)$
LOZ	Auswahl der Stationsgruppe mit der längsten Bearbeitungszeit $(= BZ_i)$ $$BZ_i = \begin{cases} (NBZ1) & \text{für } x_i \in \{ M-M,\ P-M,\ M-P,\ P-P \} \\ (NBZ1 + NBZ2)/2 & \text{für } x_i \in \{ M-M-M,\ P-M-M,\ M-M-P,\ M-P-M,\ P-M-P,\ P-P-M,\ M-P-P \} \end{cases}$$

BEZn: Bearbeitungsendezeit der n-ten Maschinenstation in einer Stationsgruppe

NBZn: die nächste Bearbeitungszeit eines Werkstücks, das aus der n-ten Puffer- oder n-ten Maschinenstation in einer Stationsgruppe entnommen wird

die nächste Bearbeitungszeit an einer Pufferstation, die eine zweite oder dritte Station einer Stationsgruppe ist:

$$NBZn = \sum_{k=1}^{m} bz_k / m$$

m: Anzahl der Maschinenstation für die nächste Bearbeitung des Werkstücks

bz_k: Bearbeitungszeit der entsprechenden Maschinenstation

FIFO: First in First out
KOZ : kürzeste Operationszeit
LOZ : längste Operationszeit

Bild 34: Prioritätsregeln zur Auswahl der von dem Industrieroboter zu bedienenden Stationen

6.1.2.2 Berücksichtigung des Zellenzustandes

Um die statische Eigenschaft der oben genannten Prioritätsregeln zu verringern, wird die aktuelle Bearbeitungsanforderung bei der Auswahl eines Handhabungsauftrags berücksichtigt.

Mit Hilfe der Bearbeitungsanforderung wird eine Maschinenstation mit der höchsten Anforderung ermittelt und als eine Blokkierungsstation betrachtet. Zur Verringerung des Blockierungsrisikos und der Wartezeit an dieser Maschinenstation wird ein Handhabungsauftrag nach dem **Bild 35** ausgewählt.

Um die Wirkung der beiden Regeln, d. h. die Prioritätsregel mit Berücksichtigung der Bearbeitungsanforderung und die Prioritätsregel ohne Berücksichtigung der Bearbeitungsanforderung, zu untersuchen, werden zwei Kennziffern, eine zur Auswahl einer Prioritätsregel und die andere zum Abfragen der Berücksichtigung der Bearbeitungsanforderung, als Eingabedaten definiert.

Ermittlung aller wartenden Handhabungsaufträge
Auswahl aller Maschinen aus diesen Handhabungsaufträgen und Ordnen dieser Maschinen nach Indizes
Bestimmung der Anzahl der möglichen Aufträge für jede Maschine
Auswahl einer Maschine (Mn) mit der höchsten Anzahl (HA)

ja — HA > 1 ? — nein

Auswahl eines Handhabungs-auftrags mit Hilfe der Prioritäts-regel aus allen wartenden Aufträgen mit der Maschine (Mn)	Auswahl eines Handhabungs-auftrags mit Hilfe der Prioritäts-regel aus allen wartenden Aufträgen

Bild 35: Auswahl eines Handhabungsauftrags mit Hilfe der
              Bearbeitungsanforderung

6.1.2.3 Strategie zur Auswahl des zu bedienenden Industrieroboters

Diese Strategie wird im Anschluß an die Auswahl des als nächstes durchzuführenden Handhabungsauftrags aufgerufen. Hierbei wird ein Industrieroboter aus den zu dem Zeitpunkt verfügbaren Industrierobotern nach der FIFO-Regel ausgewählt.

6.1.2.4 Strategie zur Werkstückauswahl aus dem Puffer

Diese Strategie wird zu dem Zeitpunkt des Entnehmens eines Werkstücks aus einem Puffer aufgerufen. Sie wählt ein Werkstück nach der FIFO-Regel aus.

6.1.2.5 Strategie zur Stationsgruppenauswahl aus beiden ermittelten Stationsgruppen

Wenn zwei Stationsgruppen, eine mit zwei Stationen und die andere mit drei Stationen, durch die Strategie zur Auswahl der von dem Industrieroboter zu bedienenden Stationen oder durch den Modul zur ein- und ausgabeelementbezogenen Ereigniserzeugung ermittelt werden, wird eine davon durch diese Strategie ausgewählt.

Bild 36 zeigt die realisierten Stategien zur Stationsgruppenauswahl.

Um die Maschinenwartezeit, die aus der Industrieroboterbedienung der ersten zwei Stationen in einer Stationsgruppe mit drei Stationen entsteht, zu berücksichtigen, wird eine modifizierte Strategie, Stationsgruppenauswahl mit Berücksichtigung der Maschinenwartezeit, zur Benutzerauswahl neu definiert.

Wenn jeder Maschinen- und Pufferstation ein eigener Knoten, an dem ein ortsveränderlicher Industrieroboter die entsprechende Station bedient, zugeordnet ist, wird eventuell eine zusätz-

liche Bewegung des Industrieroboters durch die Auswahl der
Stationsgruppe mit zwei Stationen benötigt. Bei der Berücksichtigung dieser zusätzlichen Ortsveränderungszeit durch eine
Strategie, die SBO-Strategie, wird vorausgesetzt, daß die An-
fahrhäufigkeit des Industrieroboters für jeden Knoten gleich
ist.

Strategie	Funktion
SMD	Auswahl der Stationsgruppe mit drei Stationen aus dem Stationsgruppenpaar (x_j, x_k)
SBM	Stationsgruppenauswahl mit Berücksichtigung der Maschinenwartezeit Außer den folgenden Fällen wird die SMD-Strategie eingesetzt: Wenn ein Stationsgruppenpaar (P-M, M-P-M) oder (P-M, P-P-M) ist, wird die Stationsgruppe mit zwei Stationen aus dem Stationsgruppenpaar ausgewählt.
SBO	Stationsgruppenauswahl mit Berücksichtigung der Ortsveränderungszeit des Industrieroboters Nach der folgenden Bedingung wird eine Strategie aus den beiden Strategien, SMD-und SBM-Strategie, eingesetzt: SMD-Strategie für IBZ $\geq$ DOZ SBM-Strategie für IBZ $<$ DOZ

(x_j, x_k) : Paar der Stationsgruppen, die durch die Strategie zur Auswahl der von dem Industrieroboter zu bedienenden Stationen oder durch den Modul zur ein- und ausgabeelementbezogenen Ereigniserzeugung ausgewählt werden

x_j : Stationsgruppe mit zwei Stationen

x_k : Stationsgruppe mit drei Stationen

IBZ   : Industrieroboterbedienzeit der ersten zwei Stationen in einer Stationsgruppe (x_j)

$$x_i \in \{M-P-M, P-P-M\}$$

DOZ   : durchschnittliche Ortsveränderungszeit des Industrieroboters

$$DOZ = (\sum_{k=1}^{kz} wl_k / kz)/vir$$

$$kz = n(n-1)/2$$

vir : Verfahrgeschwindigkeit des Industrieroboters

n   : Anzahl der Knoten auf dem Verfahrweg des Industrieroboters

wl_k: Weglänge zwischen den zwei Knoten für die möglichen Kombinationen der Knoten

Bild 36: Strategie zur Stationsgruppenauswahl aus beiden ermittelten Stationsgruppen

6.1.2.6 Strategie zur Werkstückeingabe in die Zelle

Die Eingabe der neuen Werkstücke in die Fertigungszelle wird
durch diese Strategie nachgebildet. Jedem Werkstück werden bei
der Eingabe die Attribute, Typ, Nummer und Zeitpunkt der Eingabe, die zur Identifizierung des Werkstücks und zur Bestimmung
der Durchlaufzeit dieses Werkstücks benutzt werden, zugeordnet
(Bild 37).

Bestimmungsgröße	Alternative der Strategien
Werkstücktyp	– Zufallszahlengenerator – Werkstücktyp mit größter Differenz zwischen der gefertigten und der zu fertigenden Werkstückzahl
Zeitpunkt der Eingabe	– Zufallszahlengenerator – gleicher Zeitpunkt wie der Entstehungszeitpunkt eines freien Pufferplatzes
Anzahl der gleichzeitig einzugebenden Werkstücke	– Einzeleingabe – Sammeleingabe

Bild 37: Strategie zur Werkstückeingabe in die Zelle

6.1.2.7 Strategie zur Nachbildung des Ausfallverhaltens

Um die Stillstandskosten einer Anlage und ihre Ausfallfolge-
kosten zu ermitteln, muß das Ausfallverhalten quantifiziert
werden. Zur Nachbildung des Ausfallverhaltens eines Zellenelements werden die folgenden zwei Methoden benutzt:

- Methode 1: Nachbildung des Ausfallverhaltens mit Hilfe der
  deterministischen Daten, Mean Time Between Failures (MTBF) und Mean Time To Repair (MTTR)
- Methode 2: Nachbildung des Ausfallverhaltens mit Hilfe der
  statistischen Daten, Ausfallrate(λ) und Rate der
  Verteilung der Reparaturdauer(μ)

Um die Simulation mit den dem Realsystem entsprechenden Daten durchführen zu können, müssen die oben genannten Werte, Mean Time Between Failures, Mean Time To Repair, Ausfallrate und Rate der Verteilung der Reparaturdauer, durch statistische Analysen ermittelt werden.

Die Ausfallbeginnzeit (ABZ) und die Reparaturendezeit (REZ) eines Zellenelements werden wie folgt berechnet:

Methode 1:

$$- ABZ(i) = ABZ(i-1) + MTTR + MTBF \qquad (6-1)$$
$$- REZ(i) = ABZ(i-1) + MTTR \qquad (6-2)$$

Methode 2:

$$- ABZ(i) = ABZ(i-1) + RD(i) + AZA(i) \qquad (6-3)$$
$$- REZ(i) = ABZ(i-1) + RD(i) \qquad (6-4)$$

Dabei ist:

$RD(i) = |log\ ZRD(i)| / \mu$: Reparaturdauer
$AZA(i) = |log\ ZAZA(i)| / \lambda$: Abstand zwischen zwei Ausfällen
$ZRD(i), ZAZA(i)$: Zufallszahlen im Bereich von 0 bis 1

6.1.3 Steuerungsstrategien des Transportsystems

Die unten beschriebenen Strategien sind an FTS-Fahrzeugen orientiert, wobei die genaue Beschreibung der Fahrzeugbewegung der zentrale Punkt ist.

6.1.3.1 Strategie zur Transportauftragsauswahl

Diese Strategie wird bei der Zuordnung eines ausgewählten Fahrzeugs zu einem Transportauftrag aufgerufen. Durch sie wird ein nicht zugeordneter Transportauftrag aus der Auftragsliste nach der FIFO-Regel zu dem Zeitpunkt des Entladeendes eines Fahrzeugs an dem Zielort ausgewählt.

6.1.3.2 Strategie zur Transportmittelauswahl

Diese Strategie wird bei der Zuordnung eines ausgewählten Transportauftrags zu einem Fahrzeug aufgerufen. Durch diese Strategie wird ein wartendes Transportmittel aus dem an einem Zeitpunkt verfügbaren Transportmittel nach den Stategien, FIFO und Entfernung des Transportmittels vom Abholort, zu dem Zeitpunkt des Eintragens eines Transportauftrags in die Auftragsliste ausgewählt.

6.1.3.3 Strategie zur Transportmittelbewegung

Die Aufgabe dieser Strategie besteht darin, das Transportmittel von einem beliebigen Ort zu einem Zielort kollisionsfrei und mit minimalem Zeitaufwand zu leiten. Nach der Auswahl einer Transportroute für ein Transportmittel wird während der Fahrzeugbewegung folgende Strategie aufgerufen:

- Überschreitung einer Strecke:
  Die Abstandsregelung des realen Systems wird durch die Blockstreckensteuerung nachgebildet.
- Auswahl eines Fahrzeugs an einem Zusammenführungsknoten:
  Zur Auswahl eines Fahrzeugs aus mehreren um eine Transportstrecke konkurrierenden Fahrzeugen werden die zwei Strategien, FIFO und Transportauftragspriorität, angewandt.
- Auswahl einer Strecke an einem Verzweigungsknoten:
  Anhand der aktuellen optimalen Knotenfolge wird die nachfolgende Strecke ausgewählt.

Zur Auswahl einer Transportroute, vom Abholort zum Zielort, werden die folgenden zwei Algorithmen zur Auswahl vorbereitet, um die unterschiedlichen Ausführungsformen des Transportsystems zu berücksichtigen:

- Bestimmung des kürzesten Wegs zwischen zwei Knoten mit Hilfe
  des Dijkstra-Algorithmus
- Bestimmung der kürzesten Wege zwischen allen Knoten mit Hilfe
  des Floyd-Algorithmus.

Voraussetzung für die Anwendung der beiden Algorithmen ist, daß
das zu betrachtende Transportnetz einen zusammenhängenden,
endlich bewerteten Graphen ohne wesentliche Kreise bzw. wesentliche Schleifen bildet.

Der ursprüngliche Dijkstra-Algorithmus wird modifiziert, um
nicht nur den optimalen Weg, sondern auch die optimale Knotenfolge zu ermitteln. Der Rechenschritt des Floyd-Algorithmus
wird durch die Ergänzung einer Anweisung, die bei der Bestimmung des Umweges die Rechenschritte für die gleichen drei
Schleifenindizes ausschließt, verkürzt.

Um den Einfluß auf die Rechenzeit der beiden Algorithmen zu
ermitteln, wurde eine Untersuchung bei wachsender Knotenzahl
des Transportnetzes auf dem Rechner IBM-AT durchgeführt. Das
Untersuchungsergebnis zeigt, daß die Rechenzeit des Dijkstra-
Algorithmus vor allem von den Positionen der Abhol- und Zielorte auf dem Transportnetz abhängt und die Rechenzeit des
Floyd-Algorithmus direkt von der Knotenzahl.

Bei der Entscheidung für einen der beiden Algorithmen müssen
die folgenden Kenngrößen berücksichtigt werden:

- Anzahl der eingesetzten Fahrzeuge
- Anzahl der Knoten auf dem Transportnetz
- Verteilung der Abhol- und Zielorte auf dem Transportnetz

6.1.3.4 Berücksichtigung des Systemzustandes

Die oben genannte Routenauswahl ist eine statische Routenauswahl, weil die Routenauswahl bei der Auftragszuteilung nur
einmal durchgeführt wird. Um die Routenauswahl an den aktuellen Systemzustand, z. B. Blockierung einer Transportstrecke
oder Überbelastung eines Transportteilbereichs auf dem Transportnetz während der Durchführung eines Transportauftrags,
besser anzupassen, muß die optimale Knotenfolge nach Bedarf
ständig aktualisiert werden.

Die Aktualisierung der optimalen Knotenfolgematrix wird wie
folgt bearbeitet: Man sucht die Transportstrecken, die zu diesem Zeitpunkt blockiert oder überbelastet sind, aus allen
Transportstrecken aus. Nun multipliziert man die Entfernungen
dieser Transportstrecken mit den Gewichtungsfaktoren. Mit Hilfe
des oben genannten Algorithmus wird die neue optimale Knotenfolgematrix ermittelt. Dadurch kann eine verbesserte Trans-
portleistung gewährleistet werden. Diese Anpassungsarbeit
braucht jedoch zusätzlichen Rechenaufwand. In dieser Arbeit
wird nur die Blockierung einer Transportstrecke mit einem
unendlichen Faktor gewichtet.

Wenn ein Transportsystem, in dem sich mehrere Fahrzeuge gleichzeitig bewegen, häufige Anpassungen an solche Zustandsänderungen
des Systems braucht, ist der Floyd-Algorithmus bezüglich der
Rechenzeit bei einem einfachen Transportnetz vorteilhafter als
der Dijkstra-Algorithmus.

Die Rechenschritte des Floyd-Algorithmus betragen bei n Knoten höchstens n^3. Eine große Knotenzahl n verlängert die benötigte Rechenzeit. Um dieser Problematik zu begegnen, wird der
ursprüngliche Graph in Teilgraphen zerlegt (<u>Bild 38</u>). Zur Mi-
nimierung der Rechenzeit muß die Knotenzahl für jeden Teilgraph
während der Zerlegung möglichst gleich gehalten werden.

Um die Blockierung in einem Transportsystem zu vermeiden, in
dem das Verfahren in beide Verfahrrichtungen für jede Kante erlaubt ist, werden vor der Auswahl der Transportroute alle Kanten in die zwei folgenden Gruppen unterteilt:

- Kanten, die für ein aktuell aktives Fahrzeug zu diesem
  Zeitpunkt eingeplant sind, und
- Kanten, die nicht eingeplant sind.

Bei den eingeplanten Kanten wird die der aktuellen Verfahr-
richtung des Fahrzeugs entgegengesetzte Richtung mit einem
Faktor gewichtet, der die Strecke praktisch sperrt.

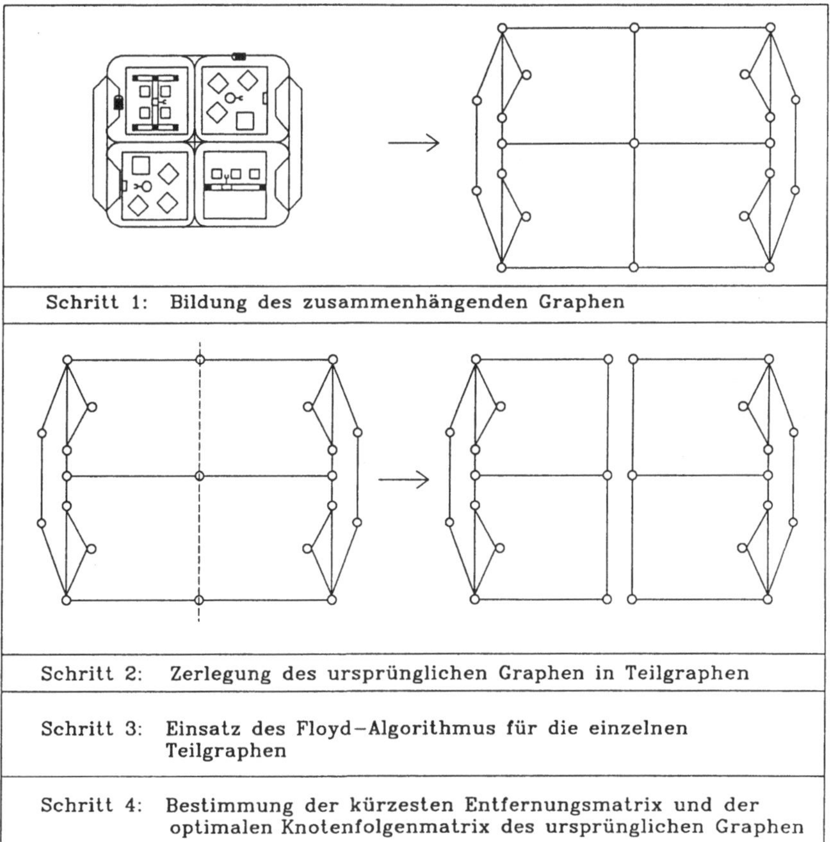

Bild 38: Bestimmung der kürzesten Entfernungsmatrix durch Zerlegung des ursprünglichen Graphen

6.1.3.5 Strategie zur Nachbildung der Transportauftrags- entstehung

Ein Transportauftrag besteht aus einem Abholort, einem Zielort und einem Zeitpunkt einer Transportanforderung. Die Nachbildung der Transportauftragsentstehung bedeutet die Bestimmung der Ausprägung der Elemente eines Transportauftrags.

Um die Unabhängigkeit der Auftragsentstehung an jedem Abholort zu berücksichtigen, werden zwei Verteilungsfunktionen jedem
Abholort zugeordnet. Dies ist die Bestimmung eines Zielorts und
die Bestimmung des Zeitpunkts einer Transportanforderung.

Durch die Kopplung der beiden Simulationsprogramme, Simulationsprogramm für die Fertigungszellen und Simulationsprogramm
für das Transportsystem, werden die meisten Transportaufträge
direkt von den Fertigungszellen erzeugt. Nur in Ausnahmefäl-
len, wie bei Transportaufträgen, die von Ereignissen außerhalb
der Systemgrenzen beeinflußt werden, erzeugt der Zufallszah-
lengenerator die Anforderung. Zur Verwaltung der Aufträge wird
eine Auftragsliste, in der die aktuellen Transportaufträge
nach dem Zeitpunkt der Transportanforderung geordnet sind, ge-
neriert.

6.1.4 Simulationsprogramm als Steuerungselement für eine Fertigungszelle

Um die Handhabungsaufträge in einer rechnerunterstützten Fertigungszelle prozeßbegleitend einzuplanen, wird die Weiterbenutzung der vorhandenen Programmoduln als Steuerungselement im
Bild 39 gezeigt. Zur Kommunikation mit der Steuerung ist eine
zusätzliche Modifikation des Moduls zur Ereignisfolgensteuerung
erforderlich.

Nach Erledigung eines Handhabungsauftrags wird die Ermittlung der Menge der nächst bedienbaren Stationsgruppen erforderlich, um den nächsten durchzuführenden Handhabungsauftrag zu
bestimmen.

Zur Ermittlung der möglichen bedienbaren Stationsgruppen werden
die aktuellen Elementzustände, d. h. Verfügbarkeit der Zellenelemente und Anwesenheit der Werkstücke, nach dem in __Bild 40__
dargestellten Untersuchungsplan völlig überprüft. Dieser Untersuchungsplan wird mit Hilfe der möglichen Stationsgruppen (Bild
33) und der Menge der Beziehungen zwischen den Zellenelementen
(Bild 23) aufgebaut und im Modul zur Ereignisermittlung realisiert. Die Industrieroboterbedienung der ausgewählten Stationsgruppe vollzieht sich entlang einer entsprechenden Ereignisfolge in einer Realzelle.

Modul	Bestimmungsfolge eines aktuellen Handhabungsauftrags
Modul zur Ereignisfolgen- steuerung	Ankommen einer Fertigmeldung eines Handhabungsauftrags
Modul zur Ereigniserzeugung	Bestimmung der Menge der bedienbaren Stationsgruppen
Modul zur Ereignisauswahl	Bestimmung einer nächsten zu bedienenden Stationsgruppe
Modul zur Ereignisfolgen- steuerung	Bestimmung einer Steuerungsprogramm- nummer und Übergabe dieser Nummer an die Steuerung des Industrieroboters

Bild 39: __Steuerungsablauf zur Abfertigung der Handhabungs-__
        __aufträge__

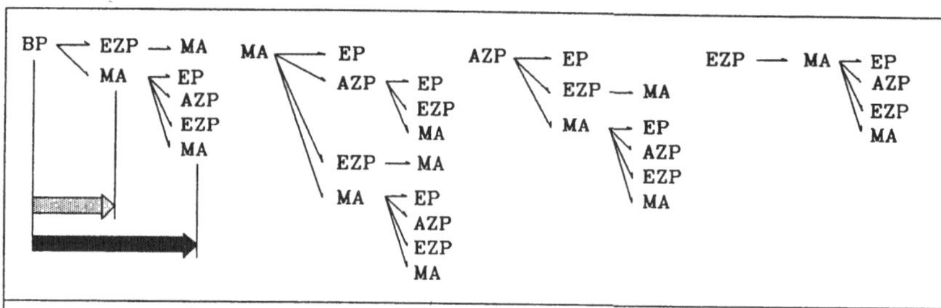

  → : Untersuchungsfolge des Elementzustandes
     : Ermittlung der Stationsgruppen mit zwei Stationen
     : Ermittlung der Stationsgruppen mit drei Stationen

MA : Maschine
EZP : Zwischenpuffer, der als Eingabepuffer in Beziehung mit den Maschinen steht
AZP : Zwischenpuffer, der als Ausgabepuffer in Beziehung mit den Maschinen steht
BP : Zellenbeladepuffer
EP : Zellenentladepuffer

Bild 40: Zustandsuntersuchung der Zellenelemente zur Ermittlung
        der Stationsgruppen

6.2   Ausführen des Programmablaufs

6.2.1   Modellbildung

Bei dem entwickelten Simulationsprogramm für die Fertigungszellen erfolgt die Modellbildung durch das Einlesen von Eingabedateien. Um diese Eingabedateien schnell zu generieren, steht
eine Dialogoberfläche zur Eingabedatengenerierung zur Verfügung.

Durch die Eingabehilfe dieses Programms werden die sechs Einga-
bedateien, System-, Zellen-, Industrieroboter-, Maschinen-,
Puffer- und Stördaten, erzeugt. <u>Bild 41</u> zeigt die verfügbaren
Eingabehilfen für die Einzeldaten.

Daten		Eingabehilfe

Element-
daten
	– Anzahl
	  (z.B. Zellenanzahl in einem
	    System, Elementanzahl in einer
	    Zelle, Anzahl des Werkstücktyps)
	– Bearbeitungsdauer an einer
	  Maschinenstation für einen
	  Werkstücktyp
		Eingabe mit der Tastatur

	– Identifizierungsnummer – Position der permanenten Elemente im Zellenlayout	Antippen mit der Maus

Beziehungs-
daten
	– Beziehung zwischen den perma-
	  nenten Elementen
	– Beziehung zwischen dem
	  temporären Element und dem
	  permanenten Element
	  (für einen Werkstücktyp: Zellen-
	    durchlauffolge in einem
	    System, Bearbeitungsfolge
	    in einer Zelle)
		Antippen mit der Maus

Strategie- daten	– Steuerungsstrategien für eine Fertigungszelle	Antippen mit Maus
Stördaten	– Ausfallabstand und Reparatur- dauer für die Zellenelemente	Eingabe mit der Tastatur

Bild 41: Eingabehilfe des Programms

6.2.2   Ablaufsteuerung

Die Aufgabe der Simulation diskreter Systeme setzt den Entwurf
eines Programms voraus, mit dem es möglich ist, eine Folge von
Ereignissen nachzuvollziehen. Hierfür wird jedem Ereignis die
Zeit, zu der das Ereignis eintreten soll, und die Ereignisart-
nummer, nach der die entsprechende Zustandsänderung ausgeführt
sein soll, zugeordnet. Bild 42 zeigt das allgemeine Prinzip,
nach dem die Simulationsprogramme für den Einzelteilbereich
ablaufen.

Eingabe der Daten des zu simulierenden Systems Initialisierung der Simulationsuhr
Auswahl eines als nächstes ausführbaren Ereignisses nach der Folge des Ereigniszeitpunktes
Aufruf eines entsprechenden Programmteils zur Aktualisierung des Systemzustandes Aktualisierung der Simulationsuhr
Ausgabe des Zwischenprotokolls nach Bedarf
Löschen des ausgeführten Ereignisses in der Ereignisliste Erzeugung eines neuen Ereignisses unter dem neuen Systemzustand Eintragen dieses Ereignisses in die Ereignisliste
Wiederhole, solange bis die Endbedingung der Simulation erfüllt ist.
Ausgabe der Simulationsergebnisse

Bild 42: Ereignisorientierte Zeitablaufsteuerung

6.2.3 Kopplung der Spezialsimulationsprogramme

6.2.3.1 Identifizierung der Systemelemente und Fertigungsaufträge

Nach der Kopplung werden die Elemente einer Fertigungszelle
durch zwei Nummern, die Zellen- und die Elementnummer, identifiziert (Bild 43).
Bei der Kopplung wird die geometrische Beziehung zwischen den
Fertigungszellen und dem Transportsystem anhand von Variablen, die die Nummern der Be- und Entladepuffer jeder Zelle mit
der Knotennummer des Transportsystems verknüpfen, abgebildet.
Wenn ein Teil des Transportznetzes in einer Zelle liegt, wird
diese Überlappung zwischen einer Fertigungszelle und dem
Transportsystem durch die Zuordnung der Knotennummer zu jedem
Zellenelement im Überlappungsbereich beschrieben.

Element und Auftrag		Identifizierung in einem Fertigungssystem
Systemelement	permanentes Element	– Nummer der Fertigungszelle und Elementnummer in dieser Zelle
	temporäres Element	– Nummer der zuerst zu bearbeitenden Fertigungszelle und Nummer innerhalb des Werkstücktyps
Fertigungsauftrag		– Folge des Zellendurchlaufs in einem Fertigungssystem und Bearbeitungsfolge in einer Fertigungszelle

Bild 43: Identifizierung nach der Kopplung

6.2.3.2 Schnittstellenmodul

Bei der Kopplung mehrerer Fertigungszellen mit Hilfe eines
Transportsystems existiert eine ständige Wechselwirkung zwischen den Fertigungszellen und dem Transportsystem.

Diese Wechselwirkung ist gekennzeichnet durch den Übergang eines temporären Elements von einer Fertigungszelle zum Transportsystem, oder vom Transportsystem zu einer Fertigungszelle. Ist eine volle Palette in einem Zellenentladepuffer vorhanden, oder ein leerer Platz für eine Palette in einem Zellenbeladepuffer für den Transport bereitgestellt, wird die Möglich-
keit zur Entstehung eines neuen Transportauftrags überprüft.
Bei positiver Entscheidung wird der Transportauftrag in den
Transportauftragsbestand des Transportsystems eingetragen.

Diese Wechselwirkung wird während des Programmablaufs mit Hilfe
eines Schnittstellenmoduls und der zusätzlichen Modifikation
des Moduls zur Ereignisaktualisierung für die beiden Teilbereiche nachgebildet. Die im Schnittstellenmodul bereitgestellten
Unterprogramme werden direkt von dem Modul zur Ereignisaktualisierung aufgerufen (<u>Bild 44</u>).

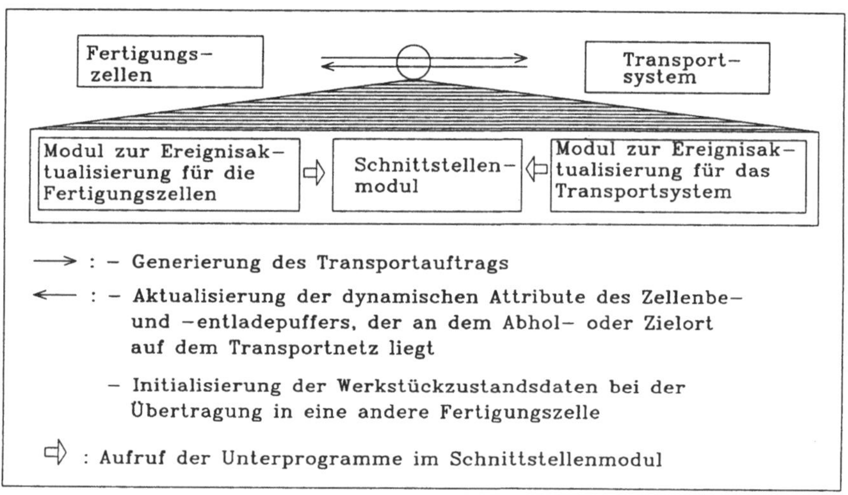

Bild 44: Wechselwirkung zwischen den Fertigungszellen und
        dem Transportsystem

6.2.3.3 Ereignisfolgensteuerung

Die Module zur Ereignisfolgensteuerung in der Abstraktionsstufe
2 (Bild 29) dienen, je nach Anwendung eines Simulationsprogramms, als Haupt- oder Untermodul.
Wenn das zu simulierende System zu einem Element der Ebene 1
(Bild 17) gehört, ist dieser Modul Hauptmodul und das Simulationsprogramm für jedes Element in dieser Ebene kann als ei-
genständiges Programm laufen. Besteht das zu simulierende System jedoch aus einer Kombination von verschiedenen Elementen
der Ebene 1, so ist die Ereignisfolgensteuerung in der Abstraktionsstufe 1 (Bild 29) als Hauptmodul zusätzlich erforderlich (Bild 45).
Wenn die Module zur Ereignisfolgensteuerung in der Abstraktionsstufe 2 (Bild 29) als Untermodul dienen, ist eine zusätzliche Modifikation dieser Module erforderlich.

Zum kopplungsabhängigen Modul gehört das Modul zur Ereignisaktualisierung und -folgensteuerung. Um diese Module nicht nur
als Module der eigenständig lauffähigen Simulationsprogramme
für die Einzelteilbereich, sondern auch als Module des durch
die Kopplung entstehenden Simulationsprogramms in gleicher Form
benutzen zu können, wird in den kopplungsabhängigen Stellen in
diesen Modulen ein Parameter eingesetzt. Durch diesen Parameter
wird die Ablaufänderung nach der Kopplung berücksichtigt und
der Ablauf in jedem kopplungsabhängigen Modul gesteuert.

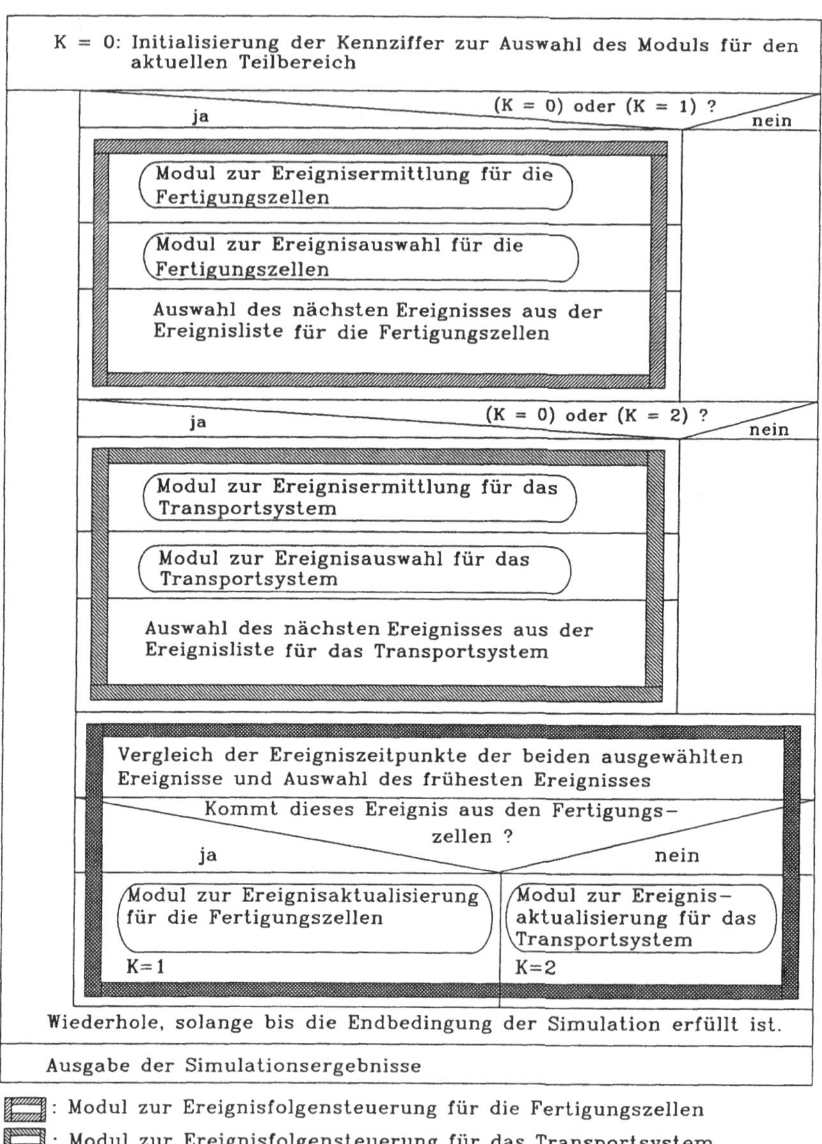

Bild 45: Ereignisfolgensteuerung nach der Kopplung der eigenständig lauffähigen Simulationsprogramme

6.2.4   <u>Programmablauf für den Teilbereich aus den Fertigungszellen</u>

Der Ablauf des Simulationsprogramms für den Bereich Fertigungszellen wird in <u>Bild 46</u> gezeigt. Die Erzeugungsmöglichkeit der Stationsgruppen mit drei Stationen hängt von dem Greifertyp und der Zellenstruktur ab.

Wenn mehrere wartende Stationsgruppen vorhanden sind, dann wird die Strategie zur Auswahl der von dem Industrieroboter zu bedienenden Stationen eingesetzt. In Bild 46 werden die Strategie zur Auswahl der von dem Industrieroboter zu bedienenden Stationen und die Strategie zur Stationsgruppenauswahl aus den ermittelten Stationsgruppen nacheinander aufgerufen.

Nach der Zustandsaktualisierung der Fertigungszelle der ausgewählten Stationsgruppe, wird eine neue Stationsgruppe aus dieser Zelle bei dem nächsten Simulationslauf ermittelt.

Der Effekt der Bewegung des Industrieroboters in Warteposition vor nächstem Ereignis wird durch die folgenden zwei Methoden ermittelt:

- Methode 1: Vor dem Start der Industrieroboterbewegung wird
             die aktuelle Bedienendezeit des Industrieroboters
             mit der Bearbeitungsendezeit der zu bedienenden
             Maschinenstation verglichen, um die Simulations-
             uhr auf den größeren Wert der beiden Zeiten ein-
             zustellen.
- Methode 2: Nach dem Ende der Industrieroboterbewegung wird
             die aktuelle Bedienendezeit des Industrieroboters
             mit der Bearbeitungsendezeit der zu bedienenden
             Maschinenstation minus Bewegungszeit des Indu-

strieroboters verglichen, um die Simulationsuhr auf den größeren Wert der beiden Zeiten einzustellen.

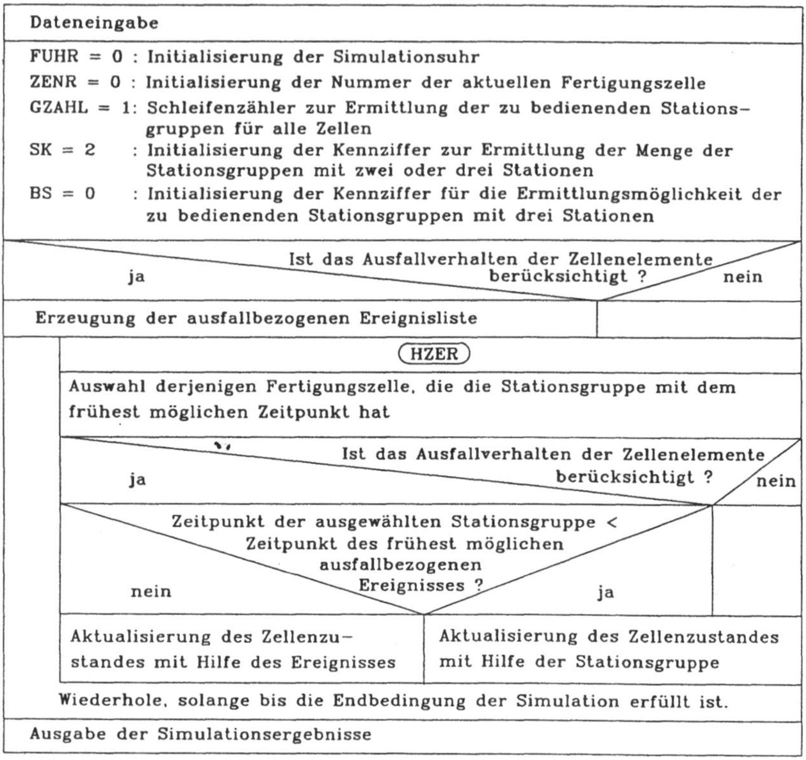

Dateneingabe

FUHR = 0 : Initialisierung der Simulationsuhr
ZENR = 0 : Initialisierung der Nummer der aktuellen Fertigungszelle
GZAHL = 1: Schleifenzähler zur Ermittlung der zu bedienenden Stations-
gruppen für alle Zellen
SK = 2   : Initialisierung der Kennziffer zur Ermittlung der Menge der
Stationsgruppen mit zwei oder drei Stationen
BS = 0   : Initialisierung der Kennziffer für die Ermittlungsmöglichkeit der
zu bedienenden Stationsgruppen mit drei Stationen

Ist das Ausfallverhalten der Zellenelemente berücksichtigt ?
ja / nein

Erzeugung der ausfallbezogenen Ereignisliste

(HZER)

Auswahl derjenigen Fertigungszelle, die die Stationsgruppe mit dem frühest möglichen Zeitpunkt hat

Ist das Ausfallverhalten der Zellenelemente berücksichtigt ?
ja / nein

Zeitpunkt der ausgewählten Stationsgruppe < Zeitpunkt des frühest möglichen ausfallbezogenen Ereignisses ?
nein / ja

Aktualisierung des Zellenzu-
standes mit Hilfe des Ereignisses | Aktualisierung des Zellenzustandes mit Hilfe der Stationsgruppe

Wiederhole, solange bis die Endbedingung der Simulation erfüllt ist.

Ausgabe der Simulationsergebnisse

(HZER) :Bild 46-b

Bild 46-a: Ablauf des Simulationsprogramms für den Teilbereich aus den Fertigungszellen

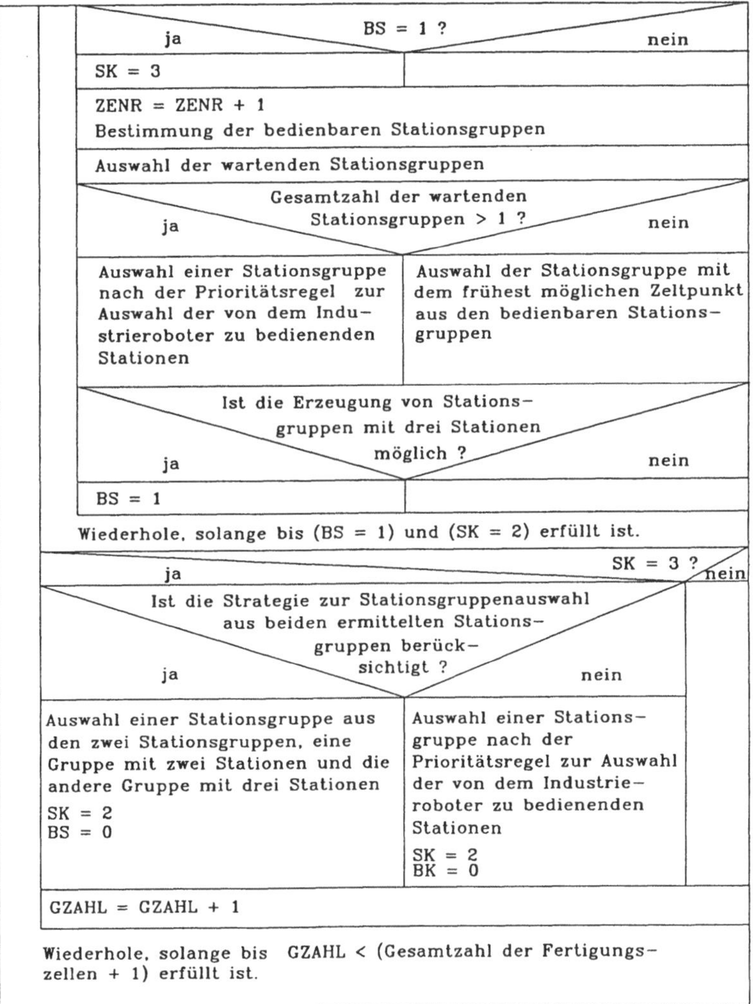

Bild 46-b: Ablauf des Programmteils HZER

6.2.5   Programmablauf für das Transportsystem

Der Ablauf des Programms ist in **Bild 47** dargestellt.

Mit Hilfe des Blockstreckenzustandes wird die Blockstreckensteuerung durchgeführt. Während der Fahrzeugbewegung können
folgende Typen von Transportzielen auftreten:

- Verfahren zum Abholort
- Verfahren zum Zielort
- Verfahren zum Depot.

Erreicht ein Fahrzeug den Abhol- oder Zielort, erfolgt jeweils
eine Änderung des Typs entsprechend des nächsten Auftragszu-
standes. Bekommt ein Fahrzeug nach Beendigung eines Transportauftrags keinen neuen Auftrag, fährt dieses in ein Depot, einen Leerfahrzeugpuffer.

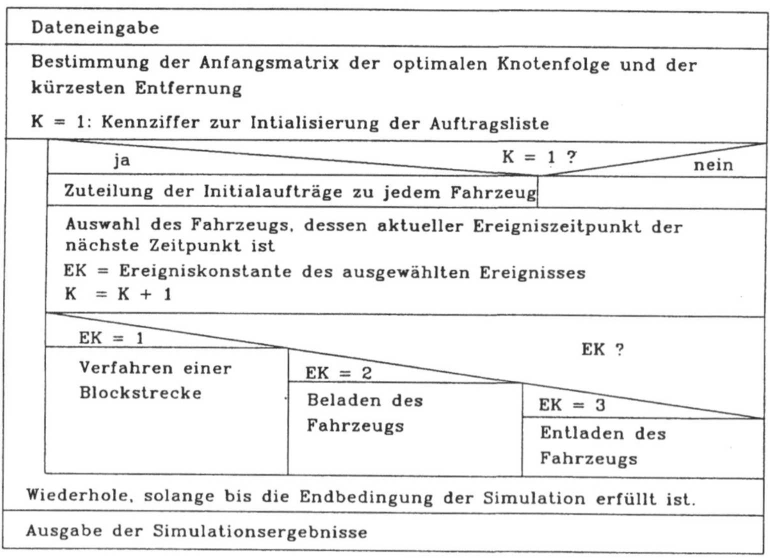

Bild 47: Programmablauf für das Transportsystem

6.2.6 Fertigungszelle mit starr verketteten Fertigungsmitteln

Das Simulationsprogramm für den Teilefertigungsbereich ist auf die Fertigungszellen mit Fertigungsmitteln, die durch Industrieroboter lose verkettet sind, ausgelegt. Wenn in diesem Teilefertigungsbereich eine Fertigungszelle mit Fertigungsmitteln, die durch Industrieroboter starr verkettet sind, enthalten ist, ist folgende Vorbereitung erforderlich:

Das Materialflußverhalten einer Fertigungszelle mit Fertigungsmitteln, die durch Industrieroboter starr verkettet sind, wird durch die Zellenablaufdaten für nur einen Arbeitszyklus, d. h. Taktzeit ermittelt. Mit Hilfe dieser Taktzeit wird diese Zelle in eine Zelle mit einer Maschine und einem Industrieroboter, die die gleiche Ausbringung wie die ursprüngliche Zelle hat, überführt. Diese Überführung kann auch an der Fertigungszelle zur Montage eingesetzt werden.

Wenn alle Fertigungszellen mit Fertigungsmitteln, die durch Industrieroboter starr verkettet sind, über ein Transportsystem gekoppelt sind, muß zur realitätsnahen Untersuchung des Materialflußverhaltens des Gesamtsystems nicht nur die Taktzeitinformation für jede Zelle, sondern auch die Wechselwirkung zwischen den Zellen mit Hilfe des Simulationssystems ermittelt werden.

7 Erprobung des Simulationssystems an einem Praxisbeispiel

7.1 Simulation einer Fertigungszelle

7.1.1 Untersuchungsmodell einer Fertigungszelle

Als Simulationsgegenstand wird eine Fertigungszelle, die aus vier Maschinen, fünf Puffern und einem Industrieroboter besteht, gewählt (Bild 48). Der erste Puffer (P1) ist der Zellenbeladepuffer und der letzte Puffer (P5) der Zellenentladepuffer. Der n-te Zwischenpuffer ist der zugehörige Eingabepuffer der n-ten Maschine. Der Industrieroboter arbeitet als Be- und Entladegerät für alle Puffer- und Maschinenstationen.

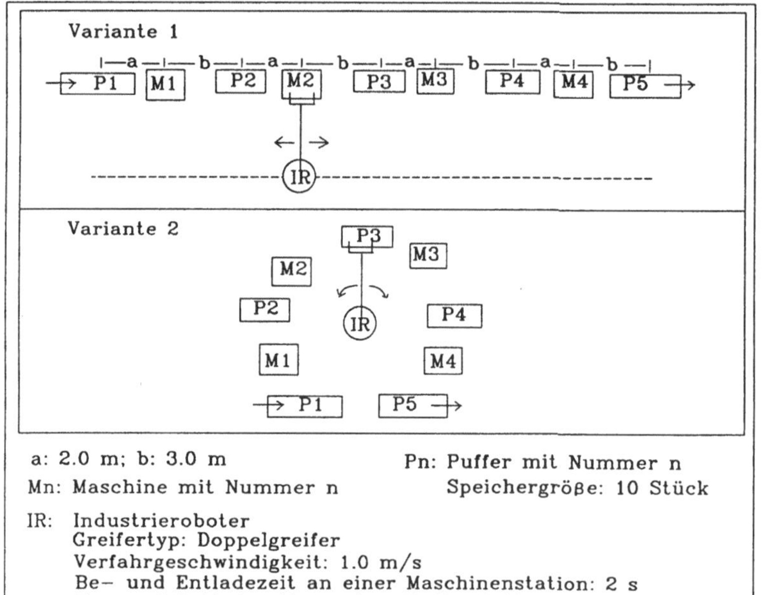

Bild 48: Layout der Fertigungszelle und Zellenparameter

Um den Einfluß von Prioritätsregeln auf den Fertigungsablauf zu
zeigen, wird der Fertigungsablauf einer Fertigungszelle unter
den verschiedenen Prioritätsregeln mit Hilfe des Simulationsprogramms untersucht.

Während der Simulation werden die folgenden Grundeinstellungen
berücksichtigt:

- Es gibt keinen Ausfall eines Zellenelements.
- Es gibt keine Losbildung. Die Losgröße der Bearbeitungsauf-
  träge ist 1.
- Der Be- und Entladepuffer funktioniert wie ein Förderband.
- Der Werkzeugwechsel wird nicht berücksichtigt.
- Jede Maschine kann nicht mehr als ein Werkstück gleichzeitig
  bearbeiten.
- Jede Maschine führt nur einen Bearbeitungsvorgang eines
  Werkstücks in einer Aufspannung aus.
- Die Werkstücke warten vor der Bearbeitung in dem zugehöri-
  gen Eingabepuffer.
- Aus dem Puffer wird ein Werkstück nach der FIFO-Regel her-
  ausgesucht und zur Bearbeitung übergeben.
- Wenn der ortsveränderliche Industrieroboter auf einen Hand-
  habungsauftrag wartet, wird er vor dem Bearbeitungsende zu
  der Maschinenstation mit dem nächsten Bearbeitungsende ge-
  schickt.

7.1.2 Fertigungsauftrag und Bewertungsgröße

Mit Hilfe eines Zufallszahlengenerators werden vier Werkstücktypen der Zelle zugeführt (Bild 49). Die mittlere Ankunftsrate (μ) ist eine vorgegebene mittlere Anzahl der Werkstücke in
einer Zeiteinheit (s) und die mittlere Abfertigungsrate (μ) ist
eine Anzahl der abgearbeiteten Aufträge in einer Zeiteinheit.
Daraus ergibt sich das Verhältnis $\rho = \lambda/\mu$, die auch als Verkehrsdichte bezeichnet wird.

Die Ankunftsrate hat eine Poisson-Verteilung, während die mittlere Abfertigungszeit (1/μ) jedes Werkstücktyps für alle Maschinen, die ein Werkstücktyp für die komplette Bearbeitung
durchlaufen muß, konstant (= 210 s) gehalten wird. Für die Si-
mulationsläufe werden als Wert die Verkehrsdichte (ρ) = 0.8,
1.0, 1.2, 1.4 und 1.6 gewählt.

Werkstücktyp- nummer	Bearbeitungsfolgenummer und −zeit (n/x)			
	M1	M2	M3	M4
1	1/63	2/82	3/65	−
2	−	1/71	2/35	3/104
3	1/99	−	2/57	3/54
4	1/81	2/73	−	3/56

Mn: Maschine mit Nummer n
n/x: (n: Bearbeitungsfolgenummer; x: Bearbeitungszeit (s))

Bild 49: Bearbeitungsauftrag

7.1.3   Simulationsergebnis

Im Prinzip kann von einem beliebigen Anfangszustand ausgegangen
werden, da sich der Prozeßverlauf nach einer gewissen Simulationsdauer stabilisiert. Die zur Stabilisierung benötigte
Zeit hängt von der Wahl der Anfangsbedingungen ab. Um diesen
Zeitanteil zu ermitteln sind Testläufe der Simulation ausgeführt worden. In dieser Untersuchung beträgt die Startzeit
20 000 s. Als Simulationszeit werden 80 000 s gewählt. Die An-
fangszustände der Puffer mit Ausnahme des Zellenbeladepuffers
sind auf "leer" gesetzt.

Die Elementauslastung wird wie folgt berechnet:

- durchschnittliche Durchlaufzeit der Werkstücke
   = (totale Durchlaufzeit für alle bearbeiteten Werkstücke)/
    (totale Anzahl der bearbeiteten Werkstücke)
- Auslastung der Maschine
   = (totale Bearbeitungszeit)*100/(Simulationsdauer)
- Auslastung der Industrieroboter
   = (totale Leer- u. Lastverfahrzeit + totale Be- u. Entla-
    dezeit)*100/(Simulationsdauer)

Die Ergebnisse der Simulation von Variante 2 zeigen ein ähn-
liches Verhalten wie Variante 1. Der Grund dafür ist die letzte
Voraussetzung für die Simulation (<u>Bild 50</u>).

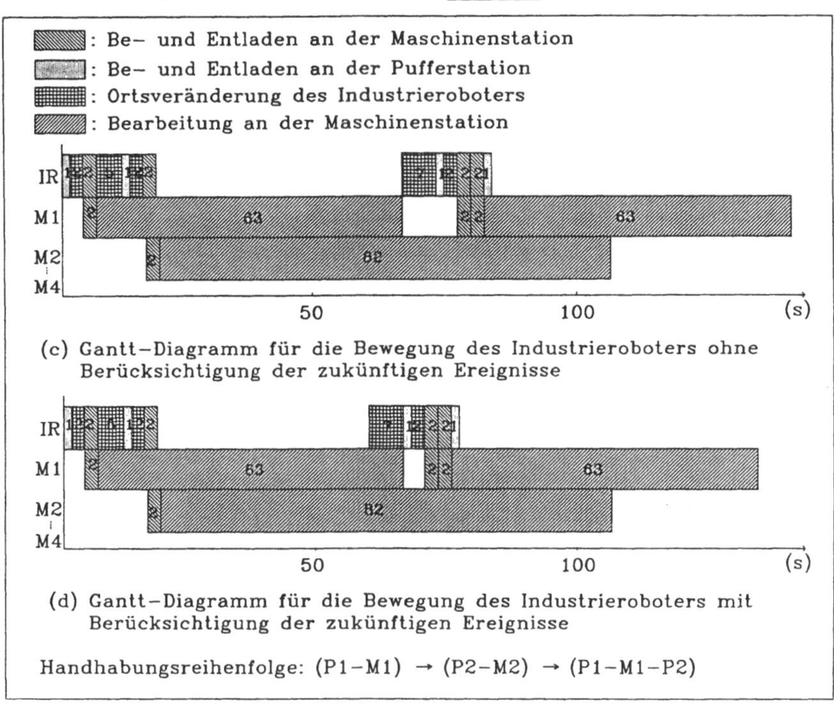

Bild 50: Gantt-Diagramm für den Zellenablauf

Mit steigender Auslastung der Zelle ist der Einfluß der
verschiedenen Prioritätsregeln in **Bild 51** dargestellt. Bei
geringer Zellenauslastung liegen die einzelnen Ergebnisse
eng beieinander.

Die Untersuchung ergibt für die FIFO-Regel relativ günstige
Verhältnisse, besonders bei der durchschnittlichen Durchlaufzeit. Die größere Auslastung verbessert zwar die Zellenver-
hältnisse, verschlechtert aber die durchschnittliche Durchlaufzeit.

Bei dieser Untersuchung betrug die Rechenzeit jeder Simulation auf dem Rechner IBM-AT durchschnittlich 420 Sekunden.

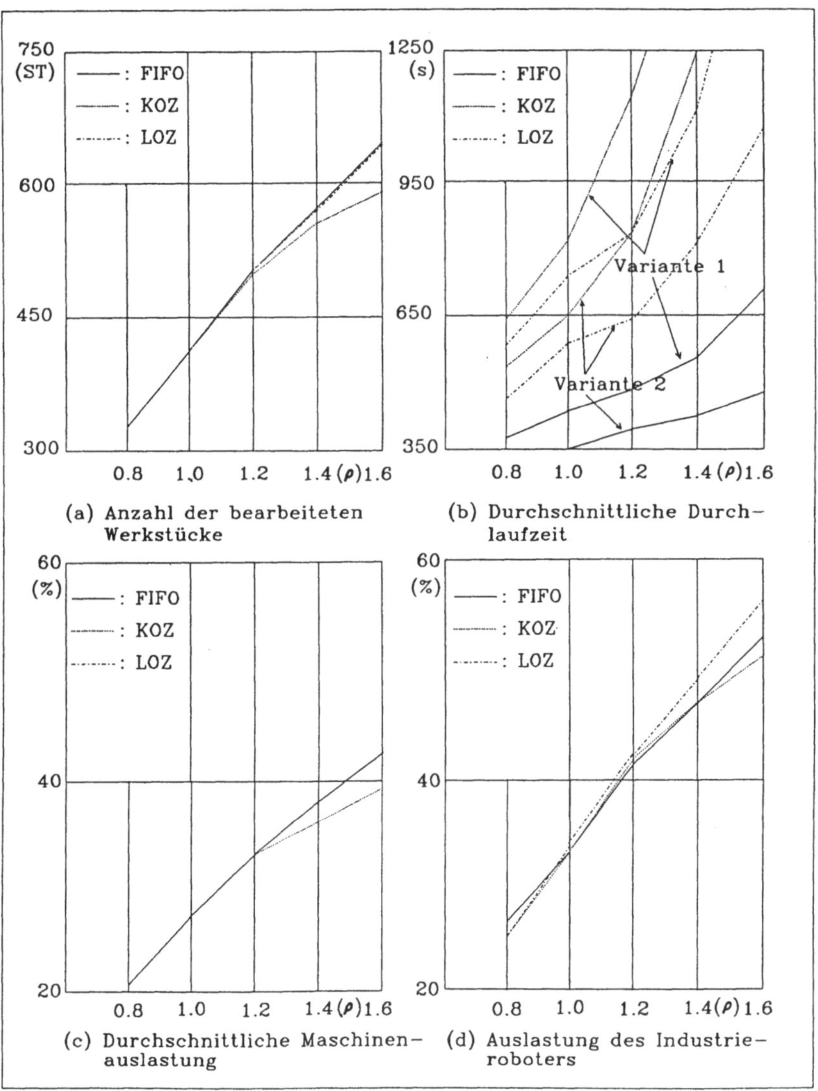

(a) Anzahl der bearbeiteten Werkstücke

(b) Durchschnittliche Durchlaufzeit

(c) Durchschnittliche Maschinenauslastung

(d) Auslastung des Industrieroboters

ST: Stück

Bild 51: Ergebnisse der Simulation

7.2 Simulation der Interaktion mehrerer Fertigungszellen

7.2.1 Problemstellung

Ziel dieses Anwendungsbeispiels ist es, bei der folgenden Umstrukturierung des geplanten Fertigungssystems, in dem die Fertigungszellen durch das Transportsystem verkettet sind, das Zusammenspiel dieser Zellen zu zeigen.

Das geplante Fertigungssystem (Bild 52) besteht aus zwei Fertigungszellen, die nach gruppentechnologischem Prinzip zur Fertigung der eingeführten Werkstücke gebildet werden.

Das Simulationsergebnis für das Fertigungssystem Variante 1 zeigt in jeder Zelle eine sehr niedrige Auslastung einer bestimmten Sondermaschine. Um die Auslastung dieser Maschine zu erhöhen, wird eine Ausweichzelle entworfen, wobei eine Auflösung der starren Zuordnung von Teilefamilien zu Zellen notwendig wird. Hierfür wird ein Transportsystem mit FTS-Fahrzeugen für die zukünftige Erweiterung eingeplant. Das neue Fertigungssystem Variante 2 besteht aus drei Fertigungszellen und einem Transportsystem.

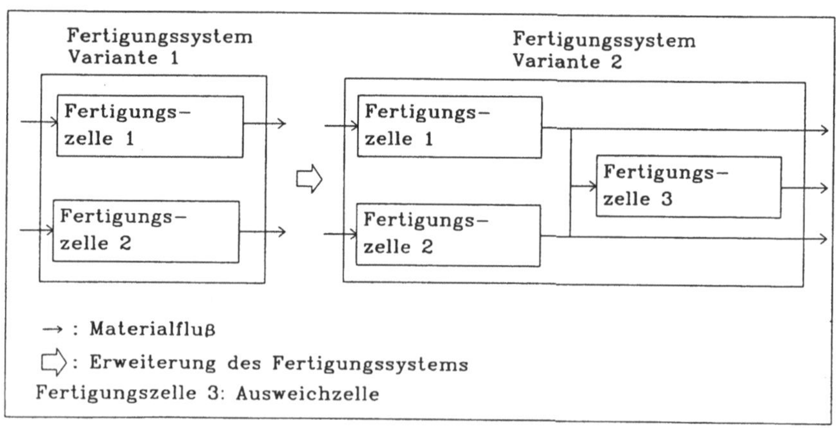

Bild 52: Einführung einer dritten Fertigungszellle

7.2.2 Aufbau des Simulationsmodells

Jede Zelle der Varianten 1 und 2 hat eine eigene Zellenkomposition und -struktur (Bild 53). Die fünfte Maschine der Zelle 1 und die vierte Maschine der Zelle 2 sind die gleichen Sondermaschinen. Bei der Variante 2 werden diese beiden Maschinen der Zellen 1 und 2 als Zelle 3 zusammengefügt. Die Industrieroboter der Zellen 1 und 2 sind ortsveränderliche Industrieroboter mit einem Doppelgreifer. Die jeder Zelle zugeordnete Teilefamilie besteht aus zwei Werkstücktypen (Bild 54).

Fertigungs-system	Zellen-elemente (i/j/k)	Zellenlayout
Variante 1 — Zelle 1	1/5/6	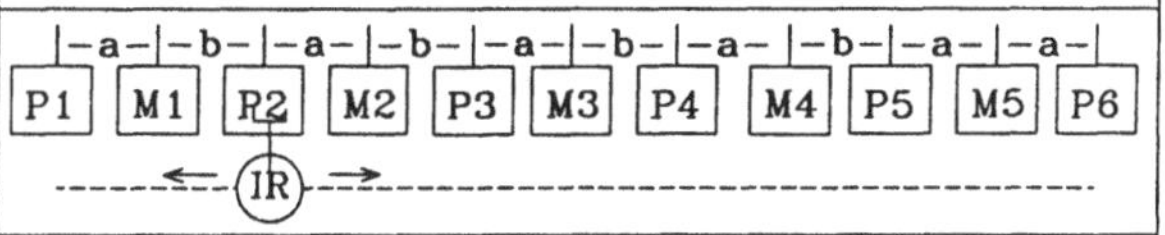 |-a-|-b-|-a-|-b-|-a-|-b-|-a-|-b-|-a-|-a-| P1 M1 P2 M2 P3 M3 P4 M4 P5 M5 P6 ←-(IR)-→
Variante 1 — Zelle 2	1/4/5	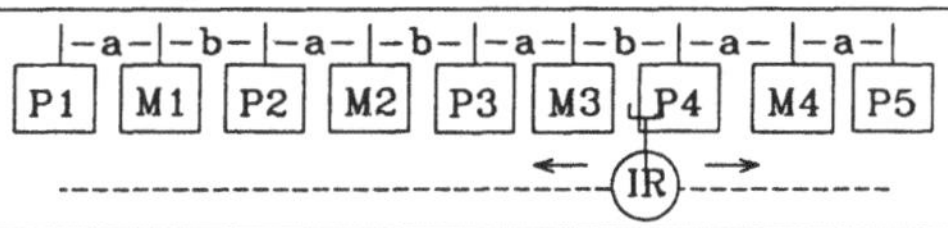 |-a-|-b-|-a-|-b-|-a-|-b-|-a-|-a-| P1 M1 P2 M2 P3 M3 P4 M4 P5 ←-(IR)-→
Variante 2 — Zelle 1	1/4/5	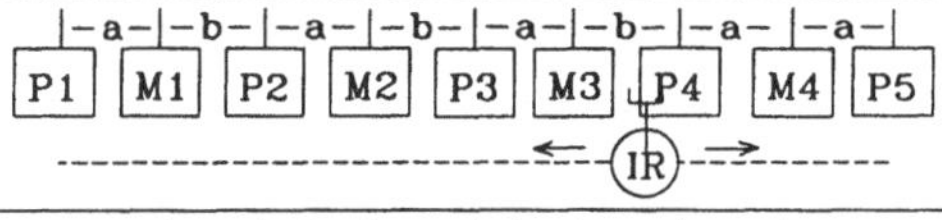 |-a-|-b-|-a-|-b-|-a-|-b-|-a-|-a-| P1 M1 P2 M2 P3 M3 P4 M4 P5 ←-(IR)-→
Variante 2 — Zelle 2	1/3/4	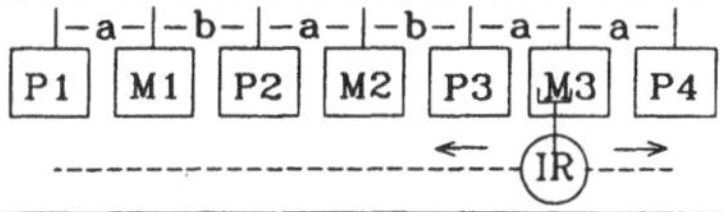 |-a-|-b-|-a-|-b-|-a-|-a-| P1 M1 P2 M2 P3 M3 P4 ←-(IR)-→
Variante 2 — Zelle 3	1/1/2	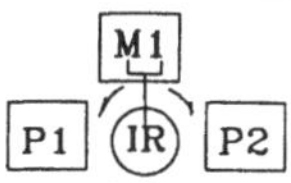 M1 P1 (IR) P2

a: 2.0 m; b: 3.0 m

i/j/k : (i: Anzahl der Industrieroboter, j: Anzahl der Maschinen, k: Anzahl der Puffer)

Industrieroboter:
    Verfahrgeschwindigkeit: 1.0 m/s
    Be- und Entladezeit an der Maschinenstation (=5 s),
    an der Pufferstation (=3 s)

Bild 53: Element und Layout jeder Zelle

Der erste Puffer jeder Zelle ist der Zellenbeladepuffer und der
letzte der Zellenentladepuffer. Zu Beginn der Simulation sind
alle Zellenelemente außerhalb des Zellenbeladepuffers leer.

Die zur Ablaufsteuerung jeder Fertigungszelle angewandten
Strategien sind:

- Strategie zur Auswahl einer Stationsgruppe: FIFO
- Strategie zur Auswahl eines Werkstücks aus der Pufferstation: FIFO

Die Werkstücke werden mit Hilfe von zwei Palettentypen in die
Zellen eingeführt, d. h. eine Palette mit der Speichergröße 10
für Werkstücktype 1 und 3 und eine andere Palette mit der
Speichergröße 8 für Werkstücktype 2 und 4.

Fertigungs-system		Werkstück-typnummer	Anzahl der durchzu-laufenden Stationen	Bearbeitungszeit (s)				
				MA1	MA2	MA3	MA4	MA5
Variante 1	Zelle 1	1	5	103	122	105	137	▦135▦
		2	4	139	97	94	107	−
	Zelle 2	3	3	98	115	142	−	−
		4	4	112	105	132	▦127▦	−
Variante 2	Zelle 1	1	4	103	122	105	137	−
		2	4	139	97	94	107	−
	Zelle 2	3	3	98	115	142	−	−
		4	3	112	105	132	−	−
	Zelle 3	1	1	▦135▦	−	−	−	−
		4	1	▦127▦	−	−	−	−

MAn: Maschine mit Nummer n
▦: Bearbeitung an der Sondermaschine

Bild 54: Bearbeitungsauftrag für jede Fertigungszelle

Der durchschnittliche Ankunftsabstand zwischen zwei Paletten
beträgt bei dem Werkstücktyp 1 5 000 s und bei dem Werkstücktyp 2 3 000 s. Die in das System einzuführenden Werkstücktypen
werden zu jedem Einführungszeitpunkt mit Hilfe des Zufallsge-

nerators bestimmt.

Das Transportnetz des Fertigungssystems 2 ist in <u>Bild 55</u> dargestellt.

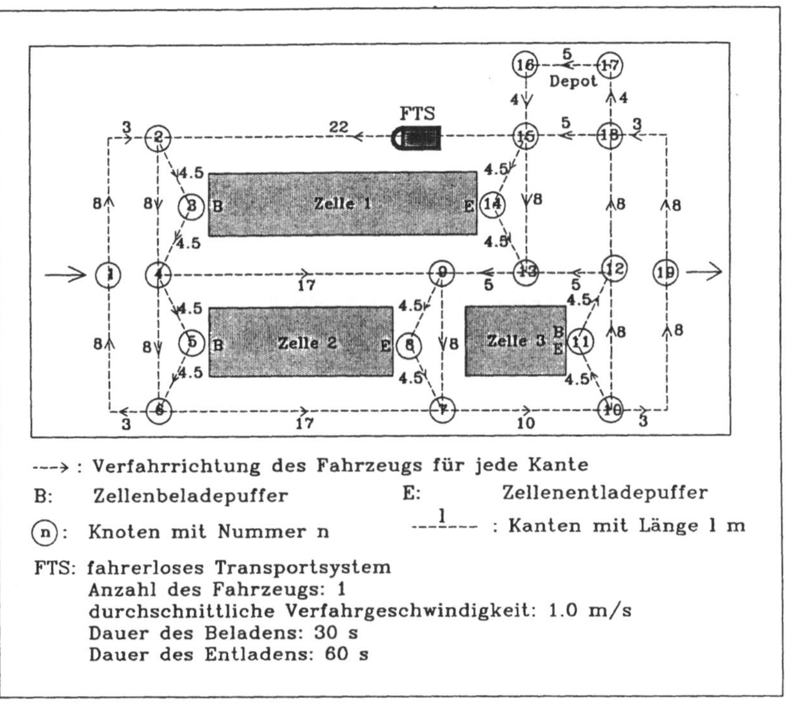

Bild 55: Transportnetz im Fertigungssystem 2

Während der Simulation wird folgendes Verhalten vorausgesetzt:

- Das Fahrzeug arbeitet nach der Dispositionsstrategie, d. h.
  Transport ohne Zuladen.
- Die Paletten werden von dem Transportort 19 automatisch aus
  dem System heraus transportiert.

7.2.3   <u>Simulationsergebnis</u>

Die Auslastungen der Elemente der beiden Fertigungssysteme
werden in <u>Bild 56</u> gezeigt.

Durch die Einführung der Ausweichzelle 3 in dem Fertigungssystem Variante 2 kommt es zu einer gleichmäßigeren Auslastung
der Maschinen in den Zellen 1 und 2. Diese Ausweichzelle be-
einträchtigt jedoch die Entkopplung und Unabhängigkeit zwischen
den Zellen.

Wegen der sehr niedrigen Auslastung (= 6.8 %) des Industrieroboters in Zelle 3 ist die Einführung von weiteren Sondermaschinen, die von mehreren Zellen gemeinsam verwendet werden, in
Zukunft möglich.

Die Auslastung des Fahrzeugs beträgt 42.8 %. Wie die Einführung der Ausweichzelle, ist auch die Weitereinführung der
Fertigungszelle möglich.

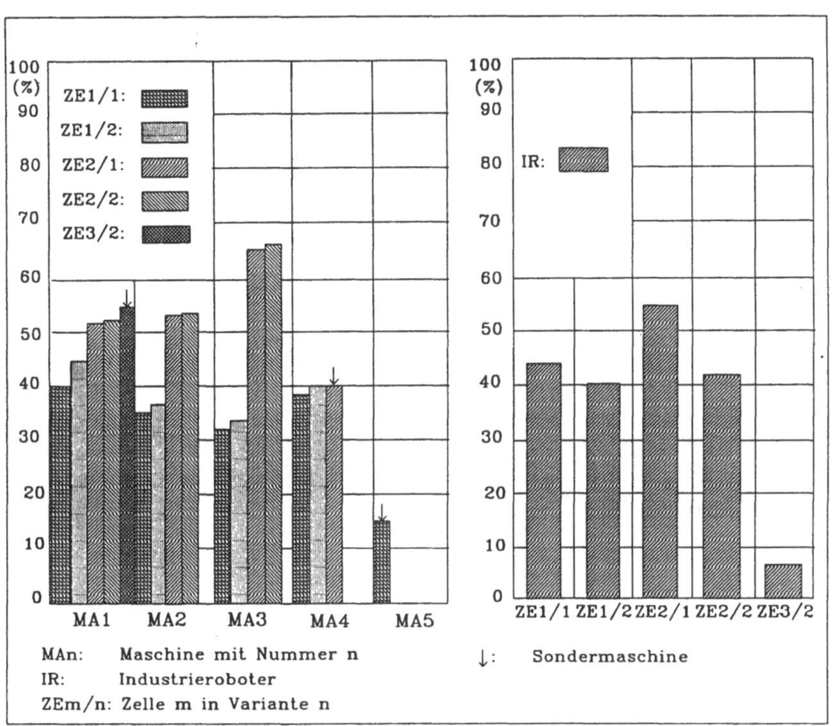

Bild 56: Vergleich der Auslastung der Fertigungszellen

Das Simulationsergebnis mit allen wichtigen Informationen wird
in **Bild 57** dargestellt. Die durchschnittliche Durchlaufzeit eines Werkstücktyps durch das Fertigungssystem muß aus den einzelnen Durchlaufzeiten jedes Teilbereichs berechnet werden.

Fertigungs-system		Werkstück-typnummer	gefertigte Werkstückzahl (ST)	durchschnittliche Durchlaufzeit (s)
Variante 1	Zelle 1	1	50	2297.4
		2	104	2000.8
	Zelle 2	3	90	1898.7
		4	152	2809.2
Variante 2	Zelle 1	1	60	2032.8
		2	112	3196.9
	Zelle 2	3	90	2631.8
		4	152	2796.4
	Zelle 3	1	60	3396.2
		4	152	1877.7
	Transportsystem			
	Transportmittelnummer			1
	Anzahl aller transportierten Transport-einheiten (ST)			117
	Gesamtdauer des Lasttransports (s)			3275.5
	Gesamtdauer des Leertransports (s)			7598.5
	Gesamtlänge der Verfahrwege (m)			10874.0
	Gesamtdauer des Be- und Entladens (s)			10560.0
	Prozent des Leertransports (%)			69.9
	Auslastung (%)			42.8

ST: Stück

Bild 57: Ausbringung der beiden Systemvarianten

8   <u>Zusammenfassung</u>

Ziel der vorliegenden Arbeit war es, ein Simulationssystem zur
Nachbildung der verketteten Fertigungszellen mit Industrierobotern dem Anwender und Planer zur Verfügung zu stellen. Um
möglichst viele Anwendungsfälle zu sichern, mußte ein Softwa-
repaket als Planungs- und Steuerungshilfsmittel entwickelt
werden, das auf Personal Computern lauffähig ist.

Zur Bestimmung des Simulationsgegenstands wurde eine Analyse
der Fertigungszelle mit Industrierobotern und des Verkettungs-
systems zwischen den Zellen durchgeführt. Die Ergebnisse dieser
Analyse wurden zur Bestimmung der Pflichtenhefte und der Datenstruktur des Simulationssystems benutzt.

Um die erstellten Pflichtenhefte in einem Simulationssystem effektiv zu realisieren, wurde eine Entwicklungsmethode, die
durch die Kopplung der eigenständig lauffähigen Spezialprogramme die Entwicklung eines großen Simulationssystems auf dem
Personal Computer ermöglicht, erarbeitet. Zur Unterstützung der
Programmkopplung wurden zwei Vereinheitlichungsbereiche, d. h.
programmentwurf- und programmablaufbezogene Bereiche, ermittelt.

Nach den Anforderungen an den Programmentwurf wurden beide
Spezialprogramme, Simulationsprogramm für die Fertigungszellen
und Simulationsprogramm für das Transportsystem, mit Hilfe der
Gruppierungsmerkmale und Beschreibungsmethoden einheitlich entworfen. Der Entwurf der Daten- und Programmstruktur wurde durch
die Hilfsmittel, das Entity/Relationship-Modell und das Petri-
Netz, unterstützt.

Der entwickelte Modellansatz unterscheidet sich von bereits
vorhandenen Ansätzen dadurch, daß das Modell in die kopplungs-
fähigen Teilmodelle für die Einzelteilbereiche eines Fertigungssystems unterteilt ist. Damit wurde die Untersuchung

des Zusammenspiels zwischen den Teilbereichen in einem Fertigungssystem und die Anwendung des Simulationssystems als Steuerungshilfsmittel für den jeweiligen Teilbereich erleichtert.

Zur Nachbildung der Industrieroboterbedienung in einer Fertigungszelle mit Fertigungsmitteln, die durch Industrieroboter lose verkettet sind, wurden die möglichen zu bedienenden Stationsgruppen als Handhabungsaufträge behandelt. Einige Strategien wurden durch die Zustandsinformation des Systems ergänzt, um die statische Eigenschaft der Strategien ohne großen Rechenaufwand zu verbessern. Die Kopplungsarbeit wurde durch die Identifizierung, den Schnittstellenmodul und die Ereignisfolgensteuerung erklärt.

Die besprochenen Einsatzbeispiele des entwickelten Simulationssystems bewiesen die Einsatzfähigkeit des Simulationssytems bei der schrittweisen Einführung der Fertigungszelle und bei der Ermittlung der Auswirkungen der drei abgeleiteten Prioritätsregeln.

Die Entwicklung des beschriebenen Simulationssystems liefert damit einen Beitrag zur Verringerung des Entwicklungs- und Anwendungsaufwands eines umfangreichen Simulationssystems auf dem Personal Computer. Die durch die Kopplungsmethode unterstützte Dezentralisierung des Programmteils zur Ereignisfolgensteuerung ermöglicht den maßgeschneiderten Aufbau eines Simulationssystems aus den speziellen Teilprogrammen je nach dem Umfang des zu simulierenden Gegenstandes.

In zukünftigen Arbeiten könnte das realisierte Simulationssystem zum einen durch Schnittstellenmodule für Eingabedateien, die graphische Darstellung des Systemablaufs und eine Programmbibliothek mit neuen Spezialprogrammen ergänzt werden, zum anderen könnte die einheitliche Entwurfsrichtlinie als Basis zum Aufbau eines Simulationsprogrammgenerators verwendet werden.

9   <u>Schriftum</u>

/1/   Warnecke, H.J.; Abele, E.; Walther, J.; Programmable assembly cell for automotive parts und units. International Conference on Advanced Robotics, Tokyo, Japan, 1983, S. 29-37.

/2/   Milberg, J.: Entwicklungstendenzen in der automatisierten Produktion. Technische Rundschau 37(1985), S. 42-48.

/3/   o.V.: Maschinenverkettung mit dem Roboter. Flexible Automation 3(1984), S. 43-46.

/4/   Schellenberger, D.; Scheibner, H.; Bahmann, W.; Moldenhauser, H.G.: Möglichkeiten und Trends bei der automatischen Werkstückhandhabung mit Industrierobotern. wt-Z. ind. Fertig. 76(1986) Nr. 10, S. 585-589.

/5/   Handke, G.: Der Roboter als CIM-Komponente. Praktiker-Tagung "Prozeßintegrierter Robotereinsatz", München, 26-27 März 1987.

/6/   Gossens: Die flexible Automatisierung des Produktions-Prozesses durch den Einsatz von Industrie-Robotern. Europa Seminar 1987, Wasserburg, 20. Mai 1987.

/7/   Pritschow, G.: Die flexible Fertigungszelle. Fertigungstechnisches Kolloquium, Stuttgart, 10-12 Oktober 1985, S. 48-57.

/8/   Steinhilper, R.: FFS - geeignete Teilfamilien und Fertigungsaufgaben; 10 Empfehlungen zu Planung und Realisierung. Böblingen, 11-13 Sep. 1984.

/9/   Rathmill, K.: Trends in the application of computer
       simulation. The FMS Magazine 5(3), 1987, S. 150-152.

/10/   Hartwig, P.: Materialflußplanung mit Hilfe eines gra-
       fisch-interaktiven Simulationssystems. ILC 83, 1983, S.
       160-165.

/11/   o.V.: VDI-Richtlinie 3633: Anwendung der Simulations-
       technik zur Materialflußplanung. Berlin und Köln, Beuth,
       März 1983.

/12/   o.V.: VDI-Richtlinie 3300: Materialfluß-Untersuchungen.
       Berlin und Köln, Beuth, August 1973.

/13/   o.V.: VDI-Richtlinie 2860: Handhabungsfunktionen, Hand-
       habungseinrichtungen, Begriffe, Definitionen, Symbole.
       Berlin und Köln, Beuth, Oktober 1982.

/14/   Schuler, J.: Integration von Förder- und Handhabungs-
       einrichtungen. Diss. Uni. Stuttgart, 1987.

/15/   o.V.: VDI-Richtlinie 2861: Kenngrößen für Handhabungs-
       einrichtungen, Einsatzspezifische Kenngrößen. Berlin und
       Köln, Beuth, Mai 1982.

/16/   Nof, S.Y.: Handbook of Industrial Robotics. John Wiley
       & Sons, 1985.

/17/   Altenwerth, F.; Heinz, K.; Schraft, R.D.: Arbeits-
       systeme mit integrierten Handhabungsgeräten. VDI, 1984.

/18/   Abele, A.; Blase, D.: Studie zur Ermittlung neuer
       Einsatzbereiche für Handhabungssysteme. BMFT-FB-
       HA 81-003.

/19/   Schulz, H.; Arnold, W.: Stand und Tendenzen beim Einsatz
        flexibler Fertigungssysteme. Werkstatt und Betrieb 116
        2(1983), S. 61-65.

/20/   Ohmi, T.; Ito, Y.; Yoshida, Y.: Flexible Manufacturing
        Systems in Japan. Proc. of 1st International Confe-
        rence on Flexible Manufacturing Systems, Brighton,
        U.K., 20-22 October 1982, S. 23-29.

/21/   Warnecke, H.J., Steinhilper, R.: Flexible Fertigungs-
        systeme im In- und Ausland (2). tz für Metallbearbei-
        tung 77(1983) Nr. 2, S. 15-21.

/22/   Müller, W.: Integrated Materials Handling in Manufac-
        turing. Springer, 1985.

/23/   Eversheim, W.; Bette, B.; Stolz, N.: Einsatz von Handha-
        bungsgeräten in komplexen Mehrmaschinensystemen. VDI-Z
        Bd. 127(1985) Nr. 14, S. 513-517.

/24/   Grab, E.: Der Portalroboter in flexiblen Fertigungs-
        systemen, Praktiker-Tagung "Prozeßintegrierter Roboter-
        einsatz". München, 26-27 März 1987.

/25/   Weber, M.: Rechnerunterstützte Blechfertigung (CAM).
        HP-EXPU'87 Dokumentation, Hewlett-Packard, 1987.

/26/   Vettin, G.: Verfahren zur technischen Investitions-
        planung automatisierter flexibler Fertigungsanlagen.
        Diss. Uni. Stuttgart, 1982.

/27/   Grant, H.: Production scheduling using simulation tech-
        nology. 2nd International Conference on Simulation in
        Manufacturing, 1986, S. 129-138.

/28/   McLean, J.A.L.; Miles, P.R.: An interactive Approach to
        Management and Control of FMS. Proc. of 2nd Internatio-
        nal Conference on Flexible Manufacturing Systems, 1983,
        S. 595-604.

/29/   Weck, M.; Kohen, E.: Simulation als Hilfsmittel für den
        Aufbau und Betrieb von flexiblen Fertigungssystemen.
        Simulationstechnik in der Fertigung, Carl Hanser, 1986,
        S. 129-151.

/30/   Schmidt-Streier, U.: Methode zur rechnerunterstützten
        Einsatzplanug von programmierbaren Handhabungsgeräten.
        Diss. Uni. Stuttgart, 1982.

/31/   Medeiros, D.J.; Sadowski, R.P.: Simulation of robotic
        manufacturing cells: a modular approach. SIMULATION
        January 1983, S. 3-12.

/32/   Zachau, H.; Rebentrost, A.: Simulationsuntersuchung ei-
        ner flexiblen Fertigungszelle für die spanende Bearbei-
        tung. Fertigungstechnik und Betrieb 34(1984) Nr. 10,
        S. 615-619.

/33/   Stemmer, G.: MFSP - Ein Verfahren zur Simulation kom-
        plexer Materialflußsysteme. Diss. Uni. Stuttgart, 1976.

/34/   Mayer, R.J.; Talavage, J.J.: Simulation of a Compu-
        terized Manufacturing System. NSF Grant Nr. APR 74
        15256, Report Nr. 4, 1976.

/35/   Kuhn, A.: Simulation von Materialfluß-Systemen, Teil
        II. Fördern und Heben 30(1980) Nr. 3, S. 203-207.

/36/   Großeschallau, W.: Simulation von Materialfluß-Syste-
        men, Teil IV. Fördern und Heben 30(1980) Nr. 6, S. 497-
        503.

/37/   Großeschallau, W.; Heinzel, R.: Eine neue Planungsme-
        thode für FTS mit Computer-Graphik-Unterstützung. 16.
        IPA Arbeitstagung, Stuttgart, 7-9 Juni 1983, S. 21-31.

/38/   Steffens, H.: Ein Beitrag zur Optimierung der Pro-
        zeßführungsstrategien automatisierter Förder- und Mate-
        rialflußsysteme. Diss. Uni. Stuttgart, 1983.

/39/   Chmielnicki, S.: Simulation der Prozesse in flexiblen
        Fertigungssystemen als Hilfsmittel zur Planung und zum
        Test von Steuerungsprogrammen. Diss. Uni. Stuttgart,
        1985.

/40/   Howie, P.: Graphic Simulation for Off-line Robot Pro-
        gramming. Robotics Today February 1984, S. 63-66.

/41/   Larson, G.; Donath, M.: Animated Simulation of In-
        telligent Robot Workcells. ROBOTS-9, Conference Procee-
        dings on Current Issues, Future Concern, Vol. 2,
        Detroit, Michigan, 1985.

/42/   Azzam, S.J.; Unuvar, M.U.: Off-Line Robot Programming
        with GRIPPS. ROBOTS-9, Conference Proceedings on Current
        Issues, Future Concern, Vol. 2, Detroit, Michigan, 1985.

/43/   Weck, M.; Niehaus, Th.; Osterwinter, M.: Graphisch
        interaktives Programmier- und Testsystem für Indu-
        strieroboter. Robotersysteme 2 (1986), S. 193-201.

/44/   Derby, S.: In Position: Simulating Robotic Workcells
        on a Micro. Computers in Mechanical Engineering Sep-
        tember 1986, S. 34-37.

/45/   Warnecke, H.J.; Altenhein, A.: Zwei Verfahren zur Kol-
        lisionserkennung und Vermeidung bei der Off-line-
        Programmierung von Industrierobotern. Robotersysteme
        2 (1986), S. 163-169.

/46/   Pritschow, G.; Storr, A.; Gruhler, G.; Schumacher, H.:
        Off-Line Programming System with Geometrical Data Recor-
        ding by Manually Guided Industrial Robot. Off-Line Pro-
        gramming of Industrial Robots, North-Hollend, 1987.

/47/   Shannon, R.E.; Mayer, R.; Adelsberger, H.H.: Expert
        systems and simulation. SIMULATION June 1985, S. 275-
        284.

/48/   Müller-Merbach, H.: Optimale Reihenfolgen. Springer,
        1970.

/49/   Osman, M.: Untersuchung von Verfahren der Reihenfol-
        geplanung und ihre Anwendung bei Fertigungszellen.
        Diss. Uni. Stuttgart, 1981.

/50/   Wunderlich, F.G.: Ein Dekompositionsverfahren zur Be-
        stimmung optimaler Reihenfolgen bei Maschinenbele-
        gungsproblemen der Werkstattfertigung. Diss. Uni. Mann-
        heim, 1977.

/51/   Conway, R.W.; Miller, L.W.; Maxwell, W.L.: Theory of
        Scheduling. Addison-Wesley, 1967.

/52/   Berr, U.; Tangermann, H.P.: Einfluß von Prioritätsre-
        geln auf die Kapazitätsterminierung der Werkstatt-
        fertigung. wt-Z ind. Fertig. 66(1976), S. 7-12.

/53/   Groblewski, K.; Krawczynski, R.: Priority Rules in Pro-
        duction Flow Control. Material Flow 2(1985), S. 167-
        177.

/54/   Beisteiner, F.; Moldaschl, J.: Einsatzstrategien für
         Fahrzeuge von fahrerlosen Transportsystemen. Fahrerlose
         Transportsysteme, 16. IPA Arbeitstagung, Stuttgart, 7-9
         Juni 1983, S. 111-120.

/55/   Kusiak, A.: Material Handling in flexible Manufactu-
         ring Systems. Material Flow 2(1985), S. 79-95.

/56/   Laporte, G.; Nobert, Y.: A Branch and Bound Algorithm
         for the Capacitated Vehicle Routing Problem. OR Spek-
         trum 5(1983), S. 77-85.

/57/   Kusiak, A.; Cyrus, J.P.: Routing and Scheduling of
         Automated Guided Vehicles. Toward the Factory of the
         Future, Springer, 1985, S. 247-251.

/58/   Storr, A.; Frank, H.; Walker, B.: Software als Produkt-
         komponente für flexible Fertigungseinrichtungen. wt-Z.
         ind. Fertig. 76(1986), S. 313-318.

/59/   Molzberger, P.; Schelle, H.: Software. R. Oldenbourg,
         1981.

/60/   Köcher, D.; Matt, G.; Oertel, C.; Schneeweiß, H.:
         Einführung in die Simulationstechnik. Deutsche Gesell-
         schaft für Operations Research, 1972.

/61/   Fischer, W.: Planung von Transportsystemen für Stück-
         güter. Diss. Uni. Stuttgart, 1981.

/62/   Dolderer, G.: FTS - Anlage als Transportglied zwischen
         Zentrallager und Fertigung. Dortmunder Gespräche '84,
         1984, S. 16.1-16.10.

/63/   o.V.: Roboter - Fahrzeuge. Eisenmann Fördertechnik,
         FT13.

/64/   Ropohl, G.: Flexible Fertigungssysteme. Otto Krausskopf,
         1971.

/65/   Ross, D.T.: A generalized technique for symbol mani-
         pulation and numerical calculation. Communications
         ACM Vol. 4(1961) Nr. 3.

/66/   Zuse, K.: Petri-Netze aus der Sicht des Ingenieurs.
         Vierweg, 1980.

/67/   Eberlein, W.: CAD - Datenbanksysteme. Springer, 1984.

/68/   Warnecke, H.J.; Kuk, K.H.: SIZES, ein System zur Pla-
         nung und Steuerung von Fertigungssystemen mit Industrie-
         robotern. Angewandte Informatik 12(1986), S. 511- 523.

/69/   o.V.: IGES, an international conference on graphic stan-
         dards. Nice, October 1984, S. 83-110.

IPA Forschung und Praxis

Schriftenreihe aus dem Institut für Produktionstechnik und Automatisierung, Stuttgart

Herausgeber: Prof. Dr.-Ing. H. J. Warnecke

Stufenweise Ableitung eines praktischen Planungssystems für den Entwicklungsbereich
Von R. Hichert. ISBN 3-7830-0149-8.
1978, 151 Seiten, kartoniert.   52,— DM

Produktionsplanung mit Auftragsfamilien
Von U. W. Geitner. ISBN 3-7830-0161.7.
1979, 110 Seiten, kartoniert.   45,— DM

Thermisch-chemisches Entgraten
Von T. Wagner. ISBN 3-7830-0164-1.
1979, 111 Seiten, kartoniert.   45,— DM

Untersuchung der Materialflußkosten bei ausgewählten Systemen der Zentralen Arbeitsverteilung
Von R. Wenzel. ISBN 3-7830-0162-5.
1979, 168 Seiten, kartoniert.   86,— DM

Anpassung und Einführung eines Planungssystems für die Ablaufplanung im Konstruktionsbereich
Von W. Dangelmaier. ISBN 3-7830-0163-3.
1979, 168 Seiten, kartoniert.   80,— DM

Längenmessungen an bewegten Teilen mit berührungslos wirkenden Aufnehmern
Von H. Lang. ISBN 3-7830-0157-9.
1979, 89 Seiten, kartoniert.   42,— DM

Untersuchung multistabiler Strömungselemente und ihr Einsatz in sequentiellen Steuerungen
Von A. Ernst. ISBN 3-7830-0157-9.
1979, 122 Seiten, kartoniert.   48,— DM

Taktile Sensoren für programmierbare Handhabungsgeräte
Von M. Schweizer. ISBN 3-7830-0158-7.
1979, 91 Seiten, kartoniert.   42,— DM

Die rechnerunterstützte Prüfplanung
Von P. Bläsing. ISBN 3-7830-0152-8.
1979, 100 Seiten, kartoniert.   44,— DM

Verfahren zur Fabrikplanung im Mensch-Rechner-Dialog am Bildschirm
Von W. Ernst. ISBN 3-7830-0156-0.
1979, 218 Seiten, kartoniert.   72,— DM

Rechnerunterstütztes Verfahren zur Leistungsabstimmung von Mehrmodell-Montagesystemen
Von M. Görke. ISBN 3-7830-0155-2.
1979, 139 Seiten, kartoniert.   50,— DM

Standortbezogene Betriebsmittel
Von G. Pflieger. ISBN 3-7830-0167-6.
1979, 127 Seiten, kartoniert.   52,— DM

Die betriebswirtschaftliche Beurteilung neuer Arbeitsformen
Von B.-H. Zippe. ISBN 3-7830-0168-4.
1979, 350 Seiten, kartoniert.   98,— DM

Untersuchung des Arbeitsverhaltens programmierbarer Handhabungsgeräte
Von B. Brodbeck. ISBN 3-7830-0169-2.
1979, 117 Seiten, kartoniert.   48,— DM

Untersuchung eines kohärent-optischen Verfahrens zur Rauheitsmessung
Von N. Rau. ISBN 3-7830-0174-9.
1979, 117 Seiten, kartoniert.   48,— DM

Entwicklung einer programmierbaren, pneumatischen Steuerung
Von D. Klemenz. ISBN 3-7830-0171-4.
1979, 93 Seiten, kartoniert.   42,— DM

IPA Forschung und Praxis

Berichte aus dem Fraunhofer-Institut für Produktionstechnik und
Automatisierung, Stuttgart, und dem Institut für Industrielle Fertigung
und Fabrikbetrieb der Universität Stuttgart

Herausgeber: Prof. Dr.-Ing. H. J. Warnecke

IPA-IAO Forschung und Praxis

Berichte aus dem Fraunhofer-Institut für Produktionstechnik und
Automatisierung (IPA), Stuttgart, Fraunhofer-Institut für Arbeitswirtschaft
und Organisation (IAO), Stuttgart, und Institut für Industrielle Fertigung
und Fabrikbetrieb der Universität Stuttgart

Herausgeber: Prof. Dr.-Ing. H. J. Warnecke und Prof. Dr.-Ing. H.-J. Bullinger

118 **Kabelbaummontage mit Industrierobotern**
Von Gerd Schlaich. ISBN 3-540-19301-4.
1988, 131 Seiten mit 62 Abbildungen. 73,— DM

119 **Beitrag zur Verbesserung der Fertigungskostentransparenz bei Großserienfertigung mit Produktvielfalt**
Von Albrecht Köhler. ISBN 3-540-19393-6.
1988, 148 Seiten mit 72 Abbildungen. 73,— DM

120 **Entwicklungs- und Planungshilfen zum Aufbau von flexiblen Ordnungssystemen**
Von Rainer Schanz. ISBN 3-540-19394-4.
1988, 104 Seiten mit 48 Abbildungen. 73,— DM

121 **Bestücken von Leiterplatten mit Industrierobotern**
Von Ernst Wolf. ISBN 3-540-50013-8.
1988, 132 Seiten mit 63 Abbildungen. 73,— DM

122 **Verschleißvorgänge beim Querschneiden dünner Bahnen**
Von Thomas Hülsmann. ISBN 3-540-50049-9.
1988, 126 Seiten mit 47 Abbildungen und 5 Tabellen. 73,— DM

123 **Geometrieprüfung in der Fertigungsmeßtechnik mit bildverarbeitenden Systemen**
Von Claus P. Keferstein. ISBN 3-540-50050-2.
1988, 128 Seiten mit 53 Abbildungen. 73,— DM

124 **Modulares Simulationsmodell für die Abläufe in verketteten Fertigungszellen mit Industrierobotern**
Von Kum-Hoan Kuk. ISBN 3-540-50069-3.
1988, 130 Seiten mit 57 Abbildungen. 73,— DM

Die Bände sind im Erscheinungsjahr und in den folgenden drei Kalenderjahren zu beziehen durch den örtlichen Buchhandel oder durch Lange & Springer, Otto-Suhr-Allee 26-28, 1000 Berlin 10.